長期多段どりトマトの多収タイ

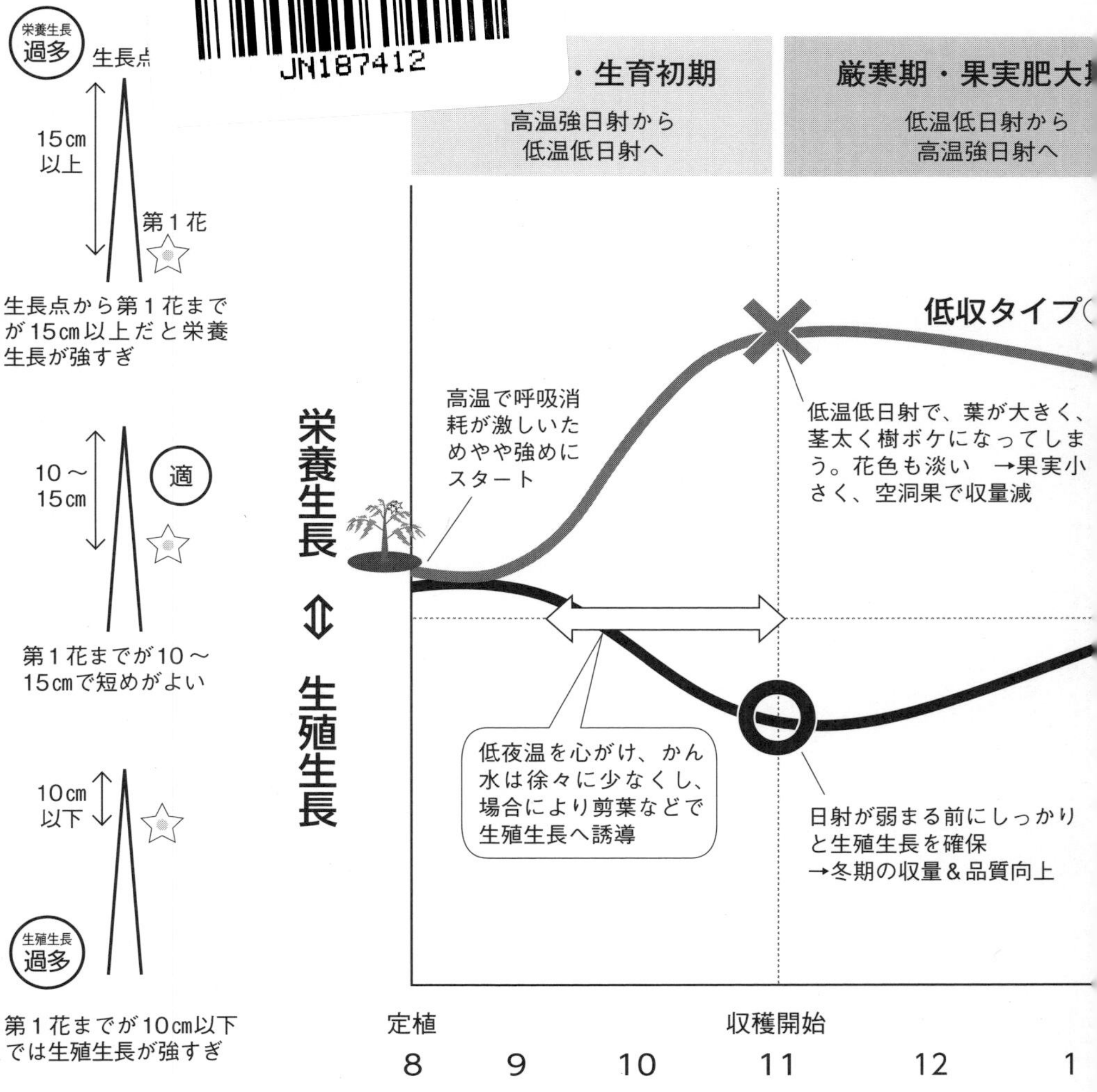

ポイント 1

11月には生殖生長に向ける

着果負担がまだ軽く、この先、日射が弱まり温度が下がると栄養生長に傾きやすいので、その前に生殖生長に向けておくことが大切。ここでかん水が多かったり、夜に保温しすぎてしまうと、栄養生長になり、果実が小玉化し、空洞果が増え、収量が減ってしまう（低収タイプ①）。

トマトの長期多段どり栽培

生育診断と温度・環境制御

吉田 剛
［著］

農文協

長期多段どり栽培と生育診断

8月に定植して10月から翌年7月まで収穫する長期多段どり栽培。
長期戦を勝ち抜くには、11月と3月に目標ポイントがあり、
それぞれに的確な生育診断と舵取りが必要だ

11月のトマト

収穫が始まり、果実がよく肥大して、とても順調のように見える。しかし、葉面積は足りているか……、この着果負担の影響は……

3月のトマト

暖かくなり始め、日射も強まり、高品質のトマトが実っていて、一見、順調の様子。しかし、上部を見ると、葉が小さくパラッとしている。この先、草勢が保てるのか……

11月には生殖生長に向ける

今後、日射が弱まり、栄養生長に傾きがちになるので、しっかり生殖生長に向けておく。生育の良否は、果実よりも、生長点付近を中心に見て判断する

11月に目標としたい生殖生長の姿

生長点から第一花までの距離が適正範囲の10～15cmに収まっている。写真の株は12cmと短めで良好。花の色も濃い

栄養生長すぎる不適な姿

左の株は、生長点から第一花までの距離が15cm以上あり栄養生長に傾きすぎ。右の株は、花梗が長く、花の色が淡い。このような状況では、果実肥大は期待できない

生殖生長すぎる不適な姿

生長点から第一花までの距離が10cm以下では生殖生長に傾きすぎ。写真の株は5cmで開花。前のページの11月のトマトはこの状態に近い。これでは、長期戦で体力負けしてしまう

3月には栄養生長に向ける

今後、日射が強まり、着果負担も増え、生殖生長に傾きがちになるので、栄養生長に向けておく

3月に目標としたい栄養生長の姿

生長点付近の葉にボリューム感がある。第一花の開花位置が生長点から15cmに近いことも大切

栄養生長を確保できたトマトの葉

開花花房前後の葉が素直で、小葉が大きめで平らに展開している

生殖生長すぎる不適な姿

開花花房前後の葉が内巻きで船底型。最初のページの3月のトマトはこの状態に近い

適度な草勢を維持する

長期戦では草勢の強弱が大きいと多収は望めない。より多収を目指すなら、やや強めの草勢を、後半まで維持するのがよい

適正な草勢

生長点から15cm下の茎の直径が1.0～1.2cmであるのが適正な草勢

強すぎる草勢

茎径が異常に太く、草勢は強すぎる。葉の展開がよじれ、内巻きが過ぎている
花は鬼花となり、この後の果実は形状が乱れ、秀品は生産できない

弱すぎる草勢

茎径が7mmと細く、草勢は弱すぎる。後半戦を戦う体力が不足し、減収となる

栽培を成功させる舵取り法は10ページ、生育診断と修正方法は本文49ページを参照。

はじめに

日本のトマト栽培は伸びしろが大きい

近年、大企業を中心とした大手資本がトマト栽培に参入したというニュースをよく耳にする。実際、全国各地に一ha以上の大型ハウスが建設され、よく整備された高性能ハウスでトマト生産が始まっている。トマト栽培は周年で計画的に生産が可能であり、今後もこうした企業の参入は続くのではないかと考えられる。

いっぽう、日本人のトマトの消費が今後極端に伸びることも考えにくい。心配されるのは、将来の生産過剰と販売単価の低下である。

実際、二〇〇〇（平成十二）年、トマトは過去に例を見ない単価安に直面した。それまで三五〇円以上／kgで安定的に売れていた促成作型のトマトが、一転して二二〇円／kg程度まで暴落したのである。

当時の価格低下の主な要因は、景気悪化で主要なメロン産地がトマト栽培へ品目転換したことによる生産過剰や、海外の生食用トマトが本格的に輸入され始めたためであった。

このとき筆者は普及指導員として栃木県のトマト産地育成に携わっていたが、〝トマトをつくっていれば生活は安泰〟というこれまでの考えではだめだと気づかされた。

これを機にトマト産地では、作型の前進による長期多段どり栽培や、ハイワイヤー誘引法の導入などの産地改革を始めることになった。

近年、オランダのトマト栽培が、超多収栽培として取り上げられる機会が多い。私自身、二〇一二年にオランダのトマト栽培の現状を視察する機会を得たが、確かに一〇ha規模の広大なガラスハウスで、コンピュータによる環境制御や培養液管理など先進的な管理方法で、うらやむほどであった。また、視察先のそれぞれの経営者は高級外車を数台持ち、乗馬を趣味にするなど、優雅な生活が垣間見ることができた。しかしオランダのトマト生産が理想であるかというと、そうではない。

オランダのトマトの販売単価は、平均八〇円／kg程度で取引されることが多く、日本の三分の一ほどと恵まれていない。またハウスで働く従業員は、旧社会主義国の低賃金の雇用労力に頼っている状況だ。そのうえ、スペインから流通するさらに低価格のトマトへの対応にも迫られている。

オランダの園芸は、最先端のＩＣＴ技術を活用し、とてもスマートで、まるで世界の理想の農業のように捉える人も多いと思うが、実際は厳しい国際競争に揉まれ、戦い続けている。世界中どこでも安穏とはしていられないのである。

だが、こうした厳しい生産環境が、世界でトップの園芸先進国といわれる現在のオランダをつくり上げてきたことも事実である。

冒頭に記したとおり、わが国のトマト販売価格は今後、低迷期に入るのではないかと懸念する。これに対抗する方法は、付加価値を高める栽培や、六次産業化、販路開拓、生産の低コスト化などさまざまあるが、まずは高収益化への近道として、収量を向上させることである。

日本のトマト栽培は、生産性の伸びしろが大きいと思う。オランダや国内の多収事例、各研究機関の試験成果について、それぞれの理論をよく理解してうまく取り入れていけば、コストを莫大にかけなくても増収できる技術がたくさんある。

本書では、筆者がこれまで栃木県において取り組んだ試験研究や、普及指導に従事した経験を通して得た多収栽培技術について、栽培現場の優良事例を交えて解説した。

私が理想とするのは、活力ある農村であり、若者から高齢者までが自信を持って農村で活躍する姿である。個々のトマト生産者が高収量を上げ、収益性の高い農業を実現して、夢のある農村社会を維持する一助となれば幸いである。

二〇一六年十一月

吉田　剛

目次

第1章　長期多段どり栽培のおさえどころ
——十一月と三月に理想の姿に持ち込む

1　失敗しないコツは生育の舵取り……10
- 意識して生殖生長、栄養生長に誘導する　10
- ポイントは十一月と三月　10
- 定植期はやや強めにスタート　10
- 十一月には生殖生長に　12
- 開花位置は生長点から一〇～一五cm　13
- 三月には栄養生長に　13
- 開花花房付近の葉は平らか　14

2　増収のカギは厳寒期の光合成促進……14
- 光が少ないなかで光合成を高める　14
- まずは日中のCO_2施用から　15

3　発生しやすい病害虫を防ぐ……16
- 青枯病・センチュウ害は厄介　16
- 換気が少ないと茎えそ細菌病、疫病など　17
- 果実結露のピークには灰色かび病　17

第2章　長期多段どり栽培の基本技術
——生育の舵取りは環境制御で

1 温度管理の正しい考え方……20

トマトの生育は平均温度に左右される　20
光合成の適温幅は広い　23
光合成産物は高温部に引き寄せられる　23
光合成産物の転流はやや高温で促進される　24

2 高温期・生育初期の温度管理——根を充実させ、生殖生長へ……26

昼温は高めに　26
作柄を決める十一月の低夜温　26

3 厳寒期の温度管理——果実を濡らさず、肥大させる……28

早朝の段階的加温で果実を濡らさない　28
夕方の強換気で果実肥大促進　28
乾いた冷気を急に入れない管理　29
〔従来の温度管理とは何だったのか〕　31

4 暖候期の温度管理——草勢維持でしおれを防ぐ……33

低めの昼温で草勢維持　33

5 新しい湿度管理……35

ハウスの中は乾きすぎている　35
高湿度が続いても問題が起こる　36
一日の飽差設定の目安　38
細霧システムなしでも管理できる　38
除湿は昼のわずかな換気と暖房で　39
夜の除湿は結露水で排出　40

6 CO_2管理……41

適正な濃度、施用時間、施用方法　41
いつから施用開始し、いつ終了するか　42

7 葉面積管理……44

密植だと栄養生長に、疎植だと生殖生長に　44
日射が強ければ葉を多く、弱ければ少なく　44
十一月中旬からはトップリーフ摘葉法で　45
一月からは側枝を利用して増枝　47

8 生育診断と生育コントロール……49

肥大中の果実だけ見ていないか　49
草勢の強弱と生育バランスは区別せよ　49
草勢の強弱は茎径でみる　50
茎径は平均温度で制御　51
肥料による制御は影響が長期化　52
生育バランスは開花の位置でみる　53

生育バランスは温度の日較差で制御　54
生育タイプ別にみた総合的な生育制御　56
実例にみるタイプ別の生育制御　56
温度変更のやり方とトマトの反応　59
生育調査をし記録をつけよう　59
平均温度は地温でもわかる　63

9 腋芽のBrix値による生育診断……64
光合成が高まったかどうかがわかる　64
三〜五%から大きく逸脱しない　64
腋芽Brix値とCO_2施用　66

10 施肥管理……67
被覆タイプの緩効性肥料がよい　67
元肥と追肥は三対七が基本　67
元肥の施用量の目安　68
追肥の施用量の目安　69
追肥での肥料成分の考え方　72

11 誘引方法……73
ハイワイヤー誘引　73
Nターン誘引　75
斜め引っ張り誘引　78
誘引に便利な器具　80
誘引ひもの主茎巻きつけ法　82
足もとの工夫　83
茎を簡単に曲げる方法　84

第3章 栽培の実際

1 苗の入手と育苗管理……86
苗の入手　86
二次育苗　87
ポット培土　88

育苗ポットの大きさ　88
ポット育苗の水管理　89
育苗期の追肥　90
鉢広げ（ずらし）　90
温度管理　90

2　圃場の準備 ……………… 92

土壌消毒　92
土壌消毒後の注意点　97

3　定植と定植後の管理 ……………… 98

圃場の水分調整　98
栽植密度　98
堆肥投入からベッド作成まで　99
定植苗の生育ステージ　100
定植後のかん水　101
やや遅い作型でのかん水　102
遮光カーテンの利用　103
細霧システムでの加湿　104
着果処理　105
定植後の温度管理　106

4　第三花房開花から収穫期の管理 ……………… 107

温度管理　107
かん水　107
摘葉　109
追肥　110
摘果　111
マルチの展張　112
暖房、CO_2兼用ダクトの配置　113

5　生理障害 ……………… 116

着色不良果　116／空洞果　117／ツヤなし果　118／
尻腐れ果　120／日焼け果　120／異常主茎　121／
カリウム欠乏症　122／苦土欠乏症　123／
葉巻き　123

6　主要病害虫 ……………… 125

疫病　125／かいよう病　126／青枯病　128／
茎えそ細菌病　129／灰色かび病　130／
黄化葉巻病　130／コナジラミ類　131／
薬剤の散布方法　132／腋芽かき、摘葉の方法　134

第4章 労務管理、栽培機器・資材、品種

1 労務管理 …… 138

大規模でも高い単収はねらえる 138
トマトは作業が平準化しやすい 138
労働力に見合った栽培面積とは 139
計画通りに作業を進める工夫 140
オランダの労務管理レジスターシステム 140
国内の優良事例 141
作業効率を上げる工夫 142
経営のカギを握る経営主の妻や母親 143

2 栽培機器・資材の選び方、使い方 …… 144

高軒高ハウス 144
CO_2発生機 144
CO_2濃度コントローラ・センサー 147
細霧システム 148
総合環境制御装置 149
温度センサー 151
循環扇 153
ヒートポンプ 156
外張り資材 157
内張り資材 159
散乱光資材 159
遮光用ペンキ資材 160
白色マルチ 161
暖房方式 163

3 品種選び …… 165

青枯病抵抗性で草勢も強い台木はどれ？ 165
吸肥力強めの台木品種を 167
晩生で花質が安定する品種を 168
日本のハウストマトは生食用にこだわれ 169

付・時期ごとに見た長期多段どり栽培の失敗事例集 170

第1章

長期多段どり栽培のおさえどころ

——11月と3月に理想の姿に持ち込む

年一作の長期多段どり作型では、栽培期間中に気象条件が極端に大きく変化する。夏期の高温強日射条件から冬期の低温低日射条件という両極端な気象条件に適切に対応しなければ、長期多段どりの成功はあり得ない。

園芸先進国のオランダでも年一作の長期多段どりを行なうが、オランダは夏期と冬期との気象変動が比較的少ない。特に、夏期が日本よりはるかに涼しいオランダは、トマト栽培のうえでは圧倒的に有利といえる。

この章では、酷暑期の8月に定植し、10～11月に収穫を開始、12月～翌年1月の低温低日射期、暖候期を経て7月まで収穫を行なう日本型の長期多段どり栽培（越冬作型）における、成功のポイントを解説していく。

1 失敗しないコツは生育の舵取り

意識して生殖生長、栄養生長に誘導する

図1―1に、定植時期の八月から収穫終了の七月までの気象条件の変化に対応したトマトの栄養生長と生殖生長のコントロールのイメージを、多収タイプと低収タイプに分けて示した。

図中の中心線は、栄養生長と生殖生長のバランスが均衡している状況として示した。中心線上にバランスよく一定に生育させることが理想であるが、何も意識せずに生育させたのでは、トマトは自然に低収パターン（①②）に寄っていってしまう。

そこで、日本の極端な気象変動に上手に対応するには、意識して多収パターンのS字曲線のように中心線をはずすことをイメージして生育コントロールすることがとても大切となる。

ポイントは十一月と三月

長期多段どり作型における生育期間は、高温強日射から低温低日射に変化していくなかで株の土台づくりや地下部の充実を図る定植～株づくり期、低温低日射から高温強日射に変化していくなかで収穫を連続させる果実肥大期、高温強日射に変化していくなかで果実負担が増す生育後期に分けることができる。

長期多段どりで失敗しないためには、この三つの生育の転換期である十一月と三月の生育コントロールが基本となる。具体的にみていこう。

定植期はやや強めにスタート

長期多段どりにおける定植期の生育目標は、やや生育旺盛な若苗でスタートすることである。これは従来の促成作型とは大きく異なる。すなわち、従来の促成作型では、十一月時点では苗か生育初期である。十一月は温度が低いこともあり、活着がよすぎて一度草勢がつくと、止められない暴走状態となる。そこで苗の育成段階から〝しめづくり〟をすることが必須である。

いっぽう、長期多段どりの定植期は高温条件であるため、呼吸消耗に耐え

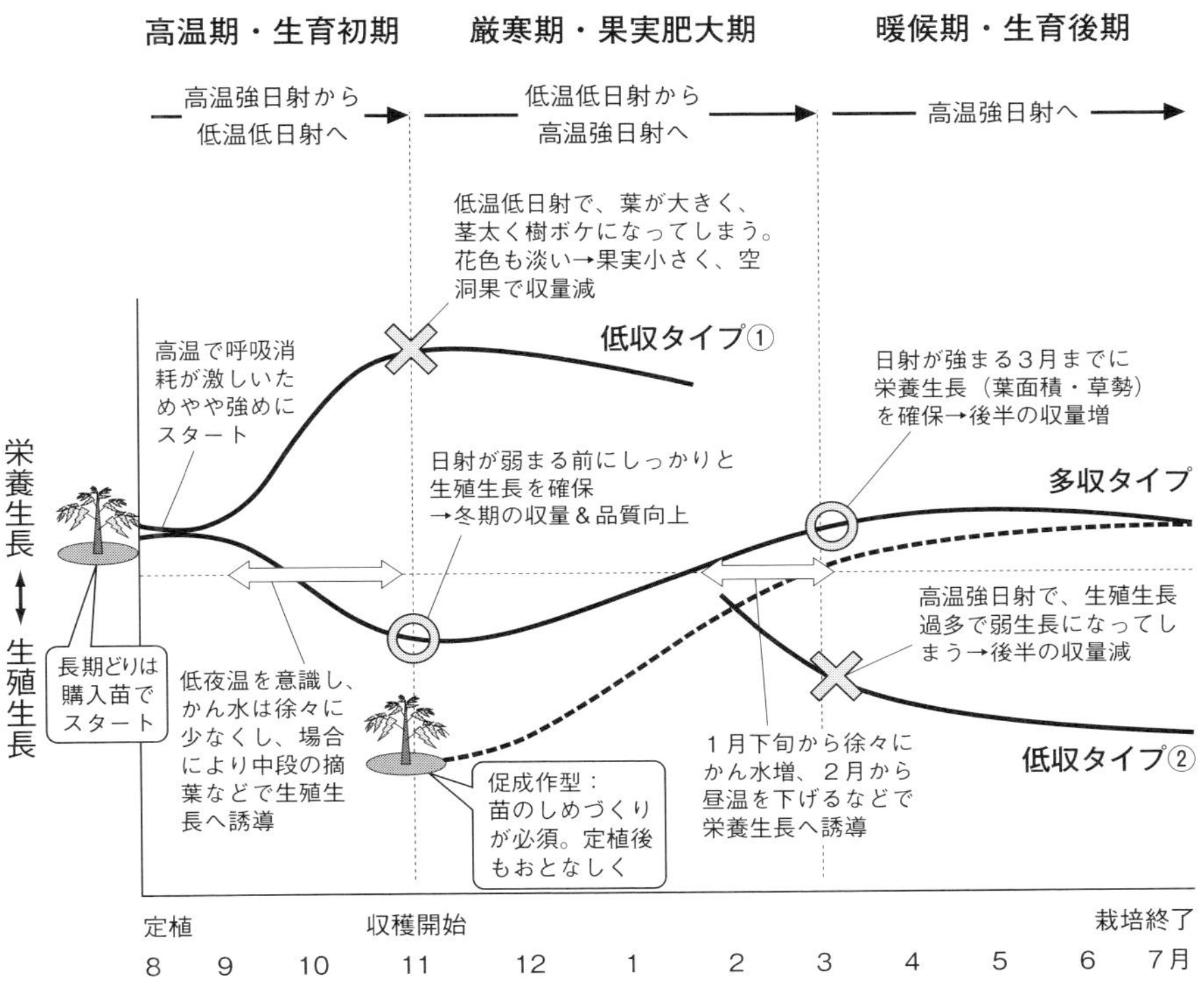

図1―1　長期多段どり栽培の多収タイプ、低収タイプの舵取りイメージ
違いを明確にするために、11月に定植する促成作型の舵取りも併記した

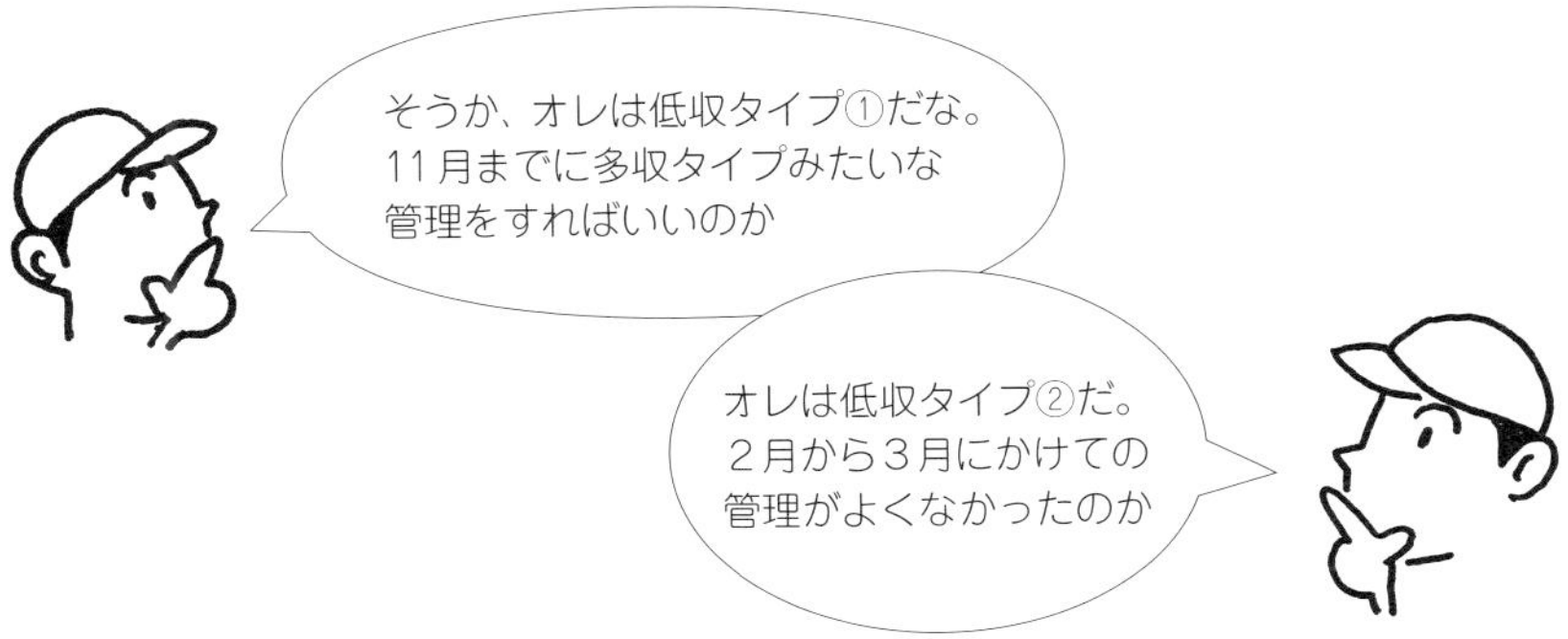

られる元気な苗が必要である。やや生育旺盛な若苗がよくて、過度のしめづくり苗や開花期を過ぎた苗（生殖生長寄りの苗）は不向きである。

定植する圃場も、促成作型では土壌水分を控えて定植するのに対し、長期多段どりでは土壌水分をやや多めにして定植し、順調に根を活着させる。定植後は、遮光カーテンや細霧システムを活用してしおれ対策をせざるを得ないが、基本的には十分な土壌水分でスムーズな根の活着を促す。ただし、長期間、遮光カーテンや細霧システムに過度に頼ってはいけない。

十一月には生殖生長に

長期多段どりでは、定植から約二〇日後、九月になると暑さも徐々に和らいでくる。暑さによる極端な体力消耗の心配がなくなってくるため、九月以降の生育目標は、株の土台づくり、地下部の充実である。

活着後は、水分供給を徐々に控えて根の伸長を促し、九月の強い日射にも耐えられる株をつくっていく。

九月（第一～第四花房の開花期）は、気温が徐々に下がってくることや着果負担がまだ軽いため、生育が旺盛な栄養生長過多になりやすい。そこで、生殖生長に向ける。

たとえば、九月頃には、昼間温度を二五℃以上に高めに管理し、中段の摘葉（果実を隠している小葉を切り取る）を三～五枚に施す。十～十一月頃には、夜間を一〇℃前後の低温に長時間遭遇させ、昼間は二五℃程度に高めの管理を維持する。水分供給は控えて、適度な水分ストレスで根の伸長を促す。

大事なことは、十一月になっても夜間の保温カーテンは極力閉めないこと。換気窓もできるだけ開放して、夜間を一〇℃前後の低温にできるだけ遭遇させることである。十一月は、低温といっても地温は十分に確保されており、実際に冷えるのは早朝の放射冷却の短時間だけであることが多いため、さほど怖くない。

写真1—1　11月の理想の姿
開花位置は、生長点から10～15cm以内が理想

写真1―2　3月の開花花房付近の葉

左の葉のように素直に展開させるのが理想。右の内巻き、船底型の展開ではダメ

ここで夜間に保温してしまったり、多かん水にしてしまったりすると、樹ボケ、小玉となる。さらに空洞果や病気も発生しやすくなる。生育後半には果実肥大により自然に生殖生長ぎみに矯正されるが、最終的に高収量は見込めない（図1―1低収タイプ①）。

開花位置は生長点から一〇～一五cm

十一月の時点で生殖生長に仕向けることができたトマトは、次のような草姿となる（写真1―1）。

第一花の開花位置は、生長点から一〇～一五cm下の範囲に収まる（くわしくは草勢コントロールの項53ページを参照）。花の色が濃い黄色である。花梗の長さ（果実肥大中の果梗が主茎～第一花分枝まで）がおおむね八cm以下である。

十一月の時点でこのような充実した生殖生長ができていれば、多収の第一段階クリアである。

三月には栄養生長に

十二～一月に収穫を続けた後、一月下旬になるとハウス内の温度上昇が早まり、日射が強まってきたことを感じ始める。強まる日射にともなって着果・肥大が増すため、意識しないと生殖生長過多で弱い生長になりやすい。たとえ十一月までをうまく管理できたとしても、生殖生長に過剰に管理するクセのある場合は、生育前半は収量・品質ともに良好だが生育後半は収量減となってしまう（低収タイプ②）。

そこで、この変化に対応するため、栄養生長（茎葉の生長）を確保する管理に徐々に切り替えていく。

たとえば、一月下旬からは少しずつかん水量を増やしていき、腋芽を残して枝数を増やし、葉面積を増やしていく。二月下旬からは一層強まる日射によるしおれを防ぐため、かん水量を増やし、一時的に遮光する。しおれはトマトにとって莫大なストレスであって、よいことはない。

開花花房付近の葉は平らか

三月までに栄養生長に仕向けることができたトマトは、次のような草姿となる。

第一花の開花位置は、生長点から一〇～一五cmの範囲内である（一五cm寄りがよい）。茎の太さが生長点から一五cm下で一〇mm以上である。開花花房付近の葉が素直に展開している。特に、小葉が大きめで平らに展開している（写真1―2）。

三月の時点で、このような状態を保っていれば、後半の果実肥大、収量は間違いなく確保できる。

2 増収のカギは厳寒期の光合成促進

光が少ないなかで光合成を高める

長期多段どりで失敗しないポイントは十一月と三月にあると述べた。この二つの時期の生育コントロールがうまくいけば、長期多段どりは成功である。大きな減収はない。ただし増収をねらい、三〇tクラスの多収を目標とするには、十一月と三月のあいだの管理がカギを握る。

長期多段どりの収穫期の中心となる冬期は、トマト果実が小玉・空洞果となり、問題となることが多い。その根本的な原因は肥料の過不足などではなく、光合成での糖エネルギー生産量の絶対的な低下である。

光合成とは、水とCO_2を原料として、光エネルギーを使って炭水化物（糖エネルギー）を合成することであり、トマトにおいても生長の根本となる（図1―2）。

冬期は日照時間が減って日射強度が弱まるため、光が減ってしまえば光合成の生産量が少なくなることは当然の

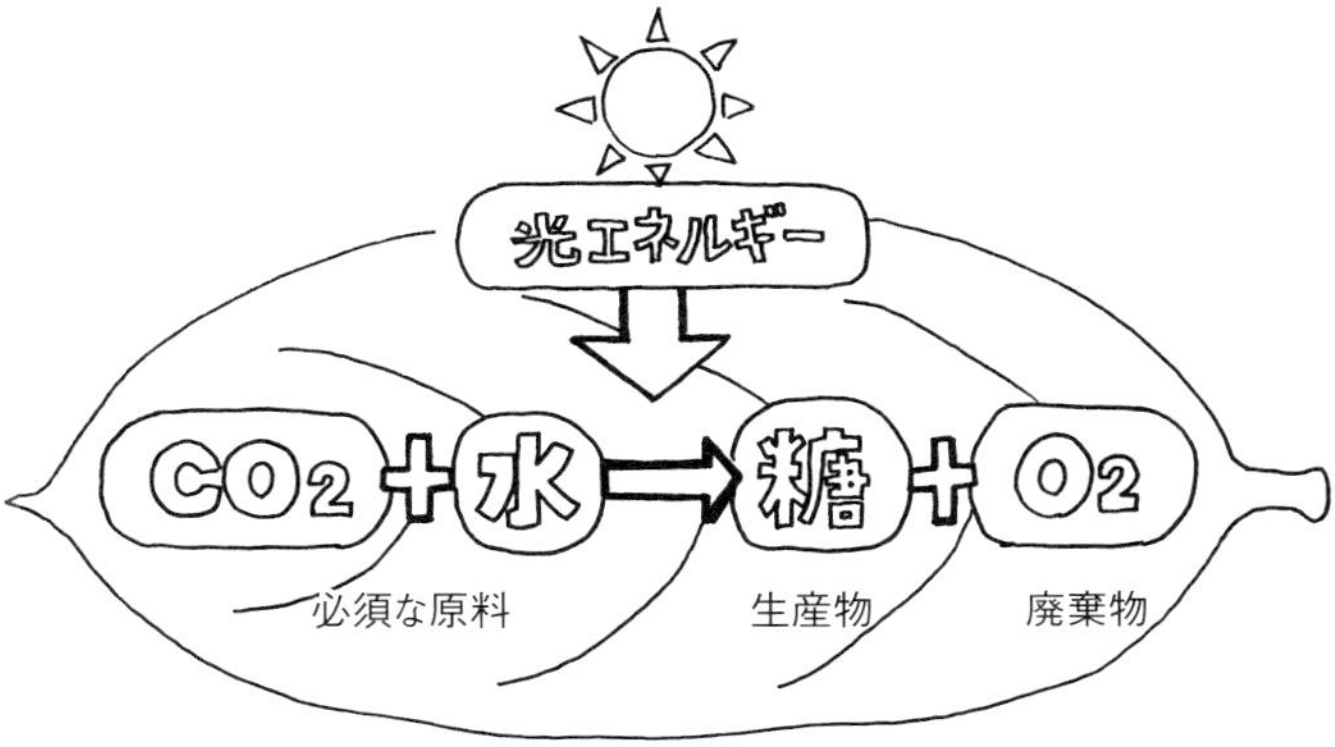

図1―2　トマトの生長でも基本となる光合成

ことである。

そこで、光が少ないなかで光合成を高めるためにトマト生産現場でできることは何か。

ＬＥＤや水銀灯などによる補光技術が寡日照期に有効であるのは間違いないが、現段階では投資コストの点で導入は時期尚早かもしれない。現実的に考えると、トマトの長期多段どり栽培では、光合成を最大化するための環境制御に真剣に取り組むべきである。

まずは日中のCO_2施用から

光合成を促進する環境制御技術のなかでもCO_2施用技術は最も効果的である。CO_2施用機器の導入コストが比較的安いことからも、皆がはじめに導入すべき技術だと考える。

トマトにおけるCO_2施用技術は、三〇年以上前から知られていた技術であるが、当時の施用方法は早朝の高濃度施用法であり、これでは明確な増収効果は得られなかった。正しいCO_2の施用方法は、CO_2が実際に不足している（トマトが必要としている）日中に施用することである。

増収を目指すなら、早急にCO_2の濃度制御ができる装置を導入して、日中にCO_2施用するとよい。

さらに、光合成を促進するための技術として、細霧システムを活用した湿度（飽差）制御、反射マルチを利用した光利用、採光性のよい被覆資材の導入などもある。光合成を最大化するためのあらゆる技術を駆使したい（くわしくは第２章参照）。

ただし、常に光合成促進を最優先させるわけではない。前の項で述べたように、九～十一月頃にはこの先の低日

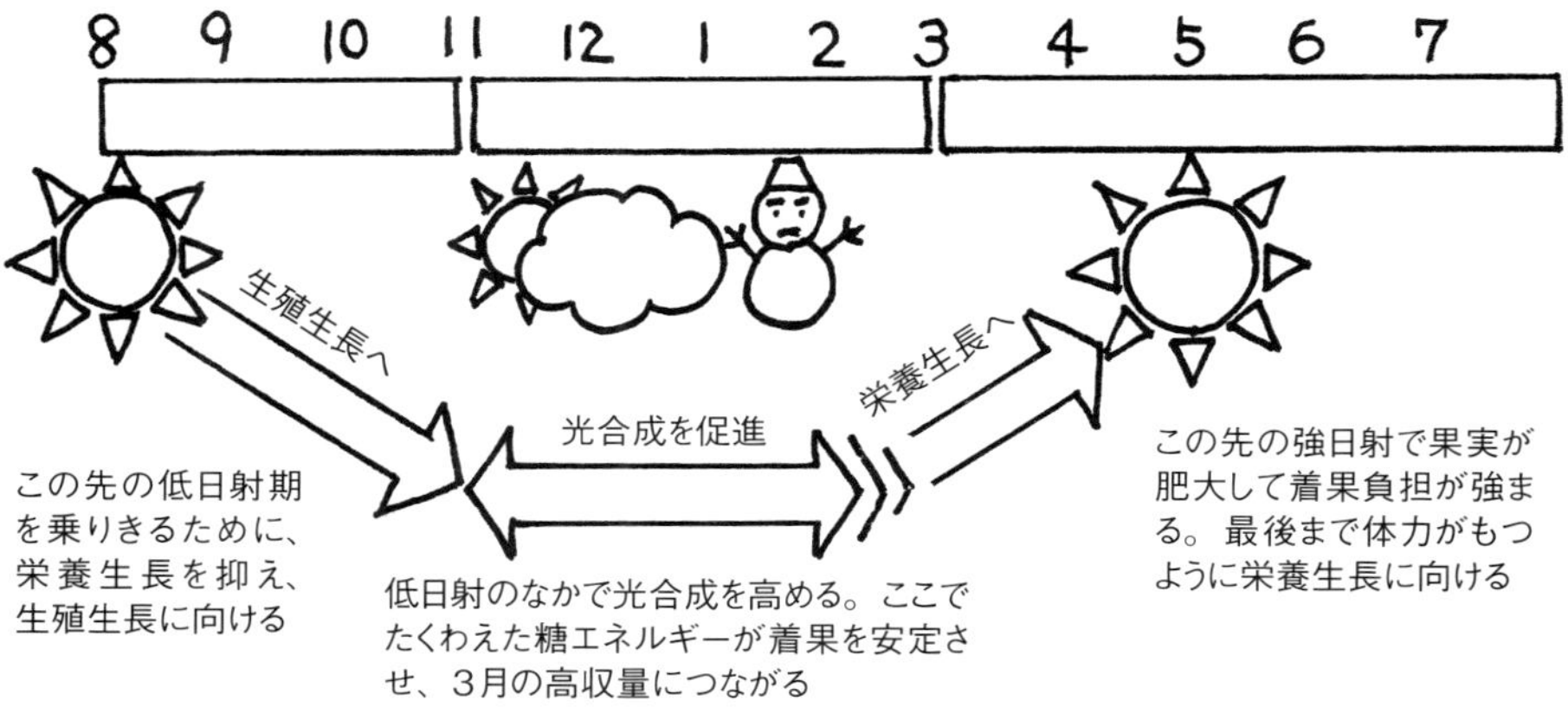

図1—3　長期多段どり栽培の目標となる舵取りイメージ

射期を乗りきる生育バランスを得るための管理（適度な水分ストレスによる根の伸長促進、中段の葉の切除による栄養生長制限など）を優先する。三月頃からは、遮光カーテンで日射を制限して、葉の素直な展開促進や葉面積確保、果実の着色異常を防止するなど、目先の光合成を犠牲にしてでも長期的な視点で取り組むべき栽培管理があることを忘れてはならない（図1—3）。

3　発生しやすい病害虫を防ぐ

青枯病・センチュウ害は厄介

長期多段どり栽培では、まさに栽培が長期にわたるゆえに、さまざまな病害が問題となる。多収のためには、これらの病害を未然に防ぐことが大切である。

なかでも青枯病は、促成作型では問題とならないが、高温期の八月に定植する長期多段どり栽培ではたびたび問題となる重要病害である。また一度発生すると、病原菌は一〇年以上長期間に生存する厄介な土壌病害である。

ネコブセンチュウも一度発生させると完全に克服することが困難である。クロールピクリンやD—D油剤などで土壌消毒を行なっても、作期の後半になると被害が出て、葉のしおれが激しくなり、後半の収量が減少する事例は多い。

これらの土壌伝染性の病害虫対策には、抵抗性台木の利用が有効であるが、その他、米ヌカ・フスマを用いた土壌還元消毒法の防除効果が高い。

米ヌカ・フスマによる土壌還元消毒でも発生が抑えられない場合は、糖蜜土壌還元消毒も検討するとよい。普及事例はまだ少ないものの、試験的に実施した事例では深層まで高い殺菌殺虫効果が得られている（くわしくは94ページ）。

換気が少ないと茎えそ細菌病、疫病など

長期多段どり栽培では、栽培期間中の環境の変化が大きいため、あらゆる病害が発生する。特に困らされるのが、十一～一月中旬の茎葉の病気、一～二月の果実の病気である。換気が少ない十一～一月中旬には低温多湿環境となるため茎葉の病気が増え、一～二月になるとそれに加えて日射が強くなり始め、急な温度上昇が起こることによる果実の結露によって病気が増えてくる。

具体的には、十一月～翌年一月中旬には、茎えそ細菌病、灰色かび病（茎と葉）、疫病が問題になる。

低日射期には、昼間、ハウスの温度上昇が緩やかになるため、換気時間・換気量が少なく多湿環境になりやすい。また近年増加している軒の高いハウスでは空気の容積が大きく、温度の上昇が一層緩やかとなるため、換気不足による多湿環境が長くなる。さらに、長期多段どり栽培では、十一月にはすでに収穫が始まり、葉面積は十分に大きく、葉から多量な水分が蒸散されていることも、多湿環境をつくり出す要因となっている。

そこで湿度対策として、土壌からの水分蒸散を抑える早めのマルチング、通気性のよいコンパクトな草姿に仕上げるためのかん水、葉からの蒸散量を抑えるための下葉除去、除湿のためのカーテン操作法や結露水のハウス外排出、暖房機操作、換気などを行なう（35、125、129ページ参照）。

果実結露のピークには灰色かび病

日射が強まる一月下旬からは果実の結露が多くなり、二月にはピークとなる。収穫作業を行なうと、果実表面に付いた結露水で作業手袋が濡れることがあるが、この結露水が果実の灰色かび病の原因となるため、果実の濡れは

危険な状況といえる。果実の結露の原因は、氷入りの冷たいドリンクのコップに結露することと同じで、ハウス温度と果実温度の差が起因となる（他に高湿度も要因）。

果実結露を防止するには、ハウスの温度上昇を緩やかにして、果実との温度差を小さくすればよい（28、130ページ参照）。

その他、灰色かび病を減らすには、伝染源となる発病部位をハウス外に持ち出すこと、葉先枯れなどの枯死部位をつくらないことも重要である。

第２章

長期多段どり栽培の基本技術

——生育の舵取りは環境制御で

第１章でみたように、長期多段どり栽培を成功させるには、11月と３月に目標とする草姿に持ち込むことが基本となる。

従来、理想の草姿に持ち込むためには施肥の多少で生育コントロールする考えが強かったが、長期多段どり栽培では、昼夜温の日較差、平均温度、CO_2施用、葉面積管理（葉数の増減）などの環境制御で行なう。これらの環境制御技術は、11月から３月のあいだの低日射期の光合成を高めるためにも欠かせない技術である。

この章では、その考え方と活用方法について解説する。

1 温度管理の正しい考え方

施設内の温度管理は、トマトの草勢や生育バランスをコントロールする手段として非常に重要である。それは、トマトの生育と温度には以下の四つのような関係があるからである。

①生育速度は平均温度に依存している
②光合成の適温の幅は広い
③光合成産物は温度の高い部位に引き寄せられる
④光合成産物の転流はやや高温で促進される

どういうことか、ひとつひとつていねいにみていく。

トマトの生育は平均温度に左右される

平均温度とは、一日の平均気温を意味するもので、施設内の気温をある程度の間隔（できれば一分間隔）で測定し、平均を求めた値である（日平均温度、二四時間平均温度とも呼ばれる）。従来、施設内温度を表わすときには最高・最低温度が使われてきたが、作物の生育反応を正確に知るには平均温度を使うのがよい。環境制御機器があれば自動的に計測されるが、後述するように筆者は地温から推測することもできるとみている（63ページ）。

図2—1は、平均温度を一五℃、一七℃、一九℃に設定してトマトを栽培し、開花速度を調べた研究結果である。トマトの生育速度は温度に依存していることがわかる。このことから、気温の低い冬期に生育速度を確保するためには、平均温度を維持することが重要である。

しかし単純に高い温度が高い収穫量につながるわけではない。トマトの生育に適正な平均温度は、生育ステージに反比例、日射量に正比例するからである。以下、くわしくみていく。

▼生育が進めば下げ、日射量が増えれば上げる

平均温度は呼吸消耗に大きく影響し、平均温度が高くなれば呼吸消耗が大きくなる。また生育ステージが進むほど（植物体が大きく、果実負担が大きくなるほど）呼吸消耗が大きくなるため、平均温度は生育が進むほど下げ

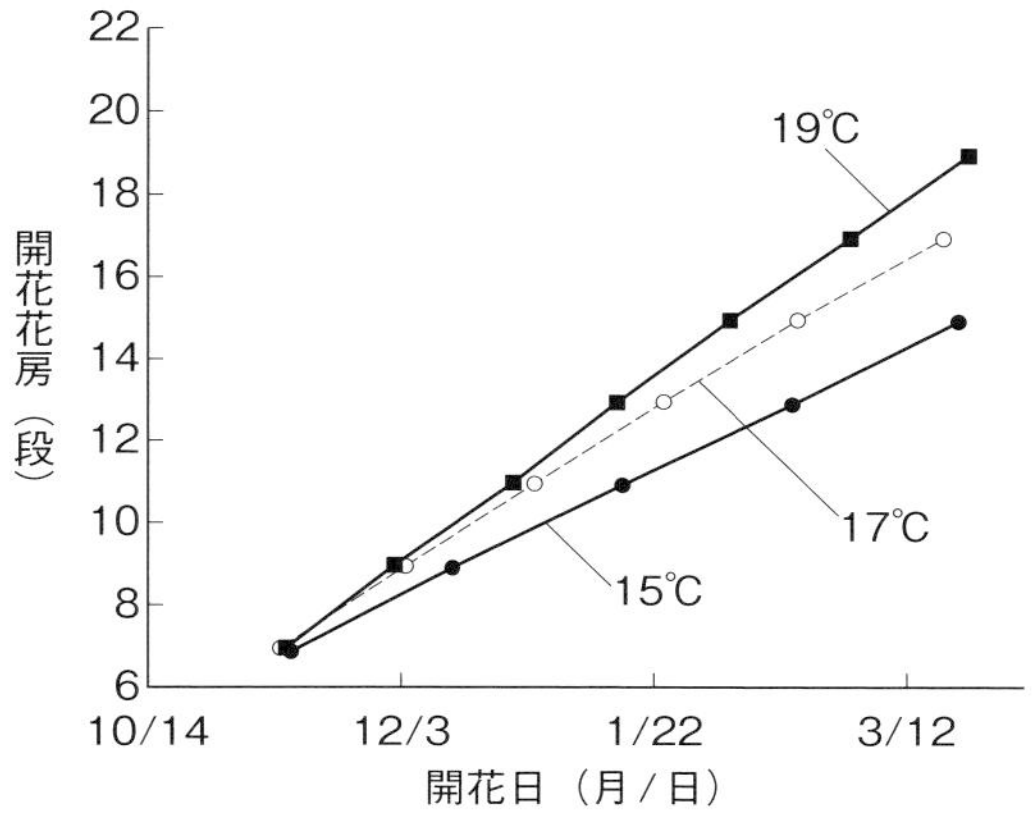

図2—1　平均温度管理と開花速度　（高野ら、2012から吉田作図）

品種：麗容、2011年8月22日（出蕾期）定植
処理の温度設定期間：ハウス内の夜温が10℃を下回る時期（11月1日〜3月15日）
昼温は23〜28℃で統一し、平均温度の調節は夜間温度で行なった

る必要がある。

また、日射量が増加すれば光合成が盛んになる。光合成量が増加すれば、呼吸消耗分を差し引いても余りある糖エネルギーが得られるため、日射量が増えるほど平均温度を高めて生育速度を促進するほうがよいのである。

▼平均温度管理の目安は一五℃以上一七℃以下

オランダの栽培コンサルタントは、トマトの生育ステージごとに平均温度管理の指標を示して指導している。その生産現場でも一般的に平均温度管理が定着し、適正な生育速度を保つ管理がなされている。しかし、オランダの平均温度指標を、そのまま日本で使用することはできない。なぜなら、オランダと日本ではトマトの品種が違う（オランダ品種は果実の光合成産物を引き寄せるシンク能が高く、樹ボケの心配がない）。さらに栽培管理も違う（オランダでは、昼間CO_2濃度を常に八〇〇ppm程度に高く保って、高い光合成量を維持している）。

表2—1は、日本の栽培環境、品種に合うように筆者が作成した平均温度管理表である。品種はサカタのタネの「麗容」、CO_2の濃度は昼間の四〇〇ppm濃度施用を想定している。

前述したように適正な平均温度は生育ステージに反比例するため、図2—1に紹介した栃木農試の平均温度管理の研究においても、平均温度一五℃、一七℃、一九℃の三水準で最も多収であったのは平均温度一五℃であった。平均温度一七℃と一九℃では

表2―1　トマト平均温度管理の目安　（単位：℃（日平均気温））

条件	曇天日	晴天日 11～1月	晴天日 2月	晴天日 3月	晴天日 4月～
開花ステージ	（100J）	（700J）	（1,000J）	（1,500J）	（2,000J）
第1花房	16.5	17.2	17.8	18.7	19.5
第3花房	15.9	16.7	17.3	18.2	19.0
第5花房	15.2	16.1	16.7	17.6	18.5
第6花房以降	14.8	15.8	16.5	17.4	18.3

注）トマト栽培での平均温度管理の目安を、時期、積算日射量（J/cm²/日）と開発ステージごとに示した。栽培環境（CO_2濃度制御方法、ハウス採光性、誘引方法など）と品種の違いにより修正も必要になる

実際は、15℃から17℃がいいというわけか。くもりの日は特に温度を下げたほうがいいんだな

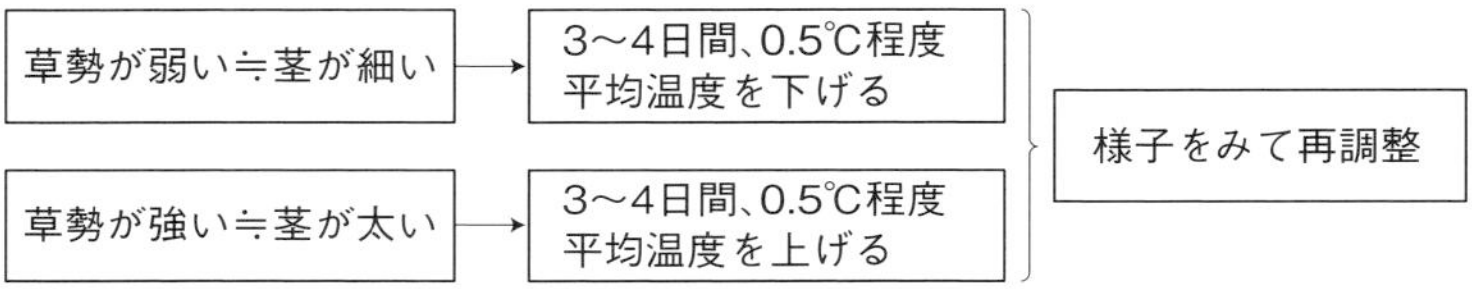

図2―2　草勢による平均温度の調整

空洞果の発生率が高まり、さらに平均温度一九℃では小玉の発生率が高まって可販果収量が劣ってしまった。この結果から、CO_2施用やハウス条件でも異なるが、冬期～春期の適正な平均温度は、一五℃以上、一七℃以下にあるといえる。

　実際、栃木県における多収事例では、品種は「麗容」、CO_2は昼間の四〇〇ppm濃度施用、ハイワイヤー誘引による長期多段どり栽培で、冬期（収穫中の十二～一月）の平均温度は、晴天日でおおむね一五・五～一五・八℃、曇天日で一四・五～一五・〇℃程度の管理で最も多収となっているケースが多い。

　ただし、品種が異なれば微調整も必要になる。事例として、「りんか409」（サカタのタネ）では、表2―1よりも〇・三～〇・五℃程度高い平均温度であるほうが多収となるようである。

▼草勢が弱いときは平均温度を下げる

　また、土耕栽培での平均温度を考える場合、地温との関係性を考慮する必要がある。土耕栽培のほとんどは地中加温装備がないため、高い平均温度管理によって必然的に高くなる夜間温度は、地上部の生育を優先させ、相対的に根の充実不足を招く。春先以降の尻腐れ果の誘発などの弊害もあり得るため、土耕栽培での高い平均温度管理に

は注意が必要である。

先に示した表2—1の平均温度は、あくまで目安であり、草勢により図2—2のように調整する必要がある（草勢の見方は50ページ）。

光合成の適温幅は広い

以前から、トマトの光合成適温は二三～二五℃と理解されている。これはほとんどの生産者が理解し、温度管理の目安としている数値であろう。このため生産現場では、太陽が昇ればいち早く、光合成適温まで温度上昇させようとしてきた。

図2—3は、筆者が栃木農試で光合成と温度の関係について調査した結果である。CO_2の濃度条件が四〇〇ppmでも二〇〇ppmでも、光合成は気温二〇～三〇℃ではほとんど差がないことがわかる。したがって、以前のように光合成適温二三～二五℃にこだわっていた温度管理はあまり意味がない。特に午前中に高い温度を確保するために行なうハウスの密閉は、CO_2の飢餓（濃度低下）を招き、光合成の減速の大きな要因になり得るため避けなければならない。

光合成産物は高温部に引き寄せられる

図2—4は果実温度違いによる光合成産物の転流割合をみた実験で、果実の温度が高まれば果実への光合成産物が多く配分されることが示されている。同様の研究は海外でもいくつか報告されており、果実だけでなく、トマトの根を温めることでも同化産物の根への転流が高まるといった研究結果もある。

光合成産物は、温かい部位に引き寄せられる。このことが光合成産物の転流配分の基礎である。この現象が起こる理由は次のことによる。

トマトでの光合成産物は、ショ糖の形態で体内を転流する。たとえば果実へ配分された光合成産物のショ糖は、果実内で酵素の働きで糖質に変換され、組織構成成分に変換される。この酵素の働きは比較的高温で活性化すること、さらに高温による呼吸消耗で糖類が消費されることで糖類の濃度勾配ができ、追加でショ糖の投入が進むため、温かい部位に光合成産物が集中すると考えられている。

単純に考えれば、大きくしたい部位、充実させたい部位を温めればよいのである。実際、トマトの果実に太陽光がよく当たるようにすると果実肥大がよくなるのも、高温部位への光合成産物の集中現象である。ただし、過剰に温めれば呼吸消耗ばかりが増えることにもなる。

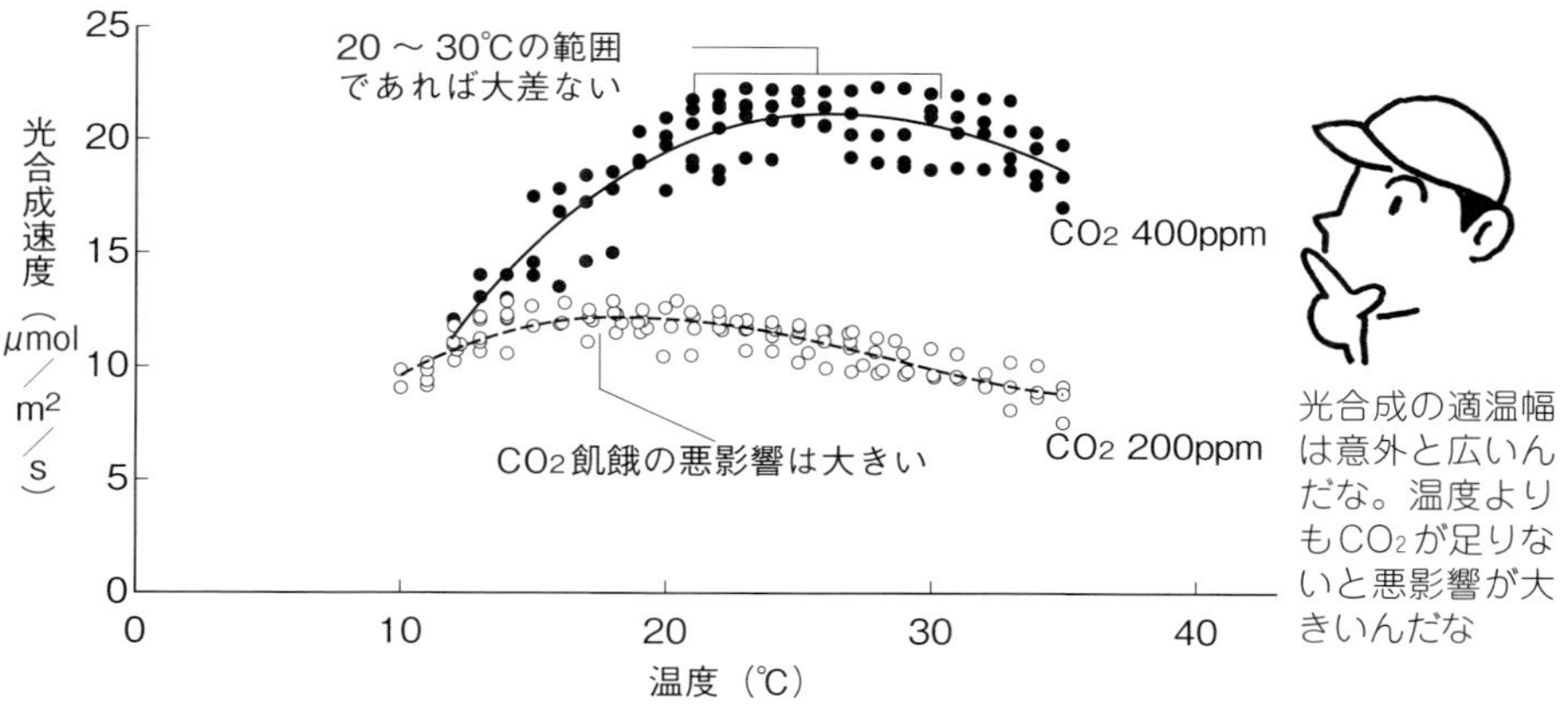

図2—3　光合成と温度の関係　（吉田、2014）

調査日：2009年6月22日、品種：麗容、光量子量：1,200 μmol/m²/s、
温度条件：25℃、CO_2：400ppm・200ppm

光合成産物の転流はやや高温で促進される

図2―5は、光合成産物の転流速度を温度環境別に調べた実験結果である。葉の先端小葉で同化した光合成産物の転流速度は、三℃の低温下では一一cmの移動と遅いが、温度が高まるにつれて速くなり、三三℃で最大時速、一時間に八三cmも移動した。しかしさらに高い温度ではやや減速した（ただし、この転流速度は、移動の先端で測定しているため、すべての光合成産物がこの時速で転流するわけではない）。

なぜ、これほどまでに温度によって転流速度の差が生じるのかには理由がある。一つは、先にも述べたように酵素の働きによるものである。光合成によって合成された糖リン酸（三炭糖リン酸）は植物体内を流れやすいショ糖へ葉で変換されるが、その変換は酵素が働きやすいやや高温条件のほうが促進されるためである。もう一つは、物理的な濃度勾配、拡散作用は温度に依存しているためと考えられている。

光合成の一日のサイクルをみると、昼に光合成速度が減速する「光合成の昼寝現象」が多くの作物で確認されている。晴天日であれば、日の出とともに光合成が始まり、日射量の増加にともなって光合成速度を上昇させていくが、正午近くになると一時的に減少してしまい、午後、再び回復する。この現象が起こる原因は、葉内に転流しきれずに残っている光合成産物である。葉に残った光合成産物はデンプン粒の形で蓄積し、やがて大きくなって物理的に葉緑体を葉の内側に押し下げ、光利用を妨げたり、葉緑体を物理的に損傷したり、葉緑体内でのCO_2拡散を妨げたりする。また、この昼寝現象は、CO_2を施用するハウスほど強く現われる。

このため、CO_2を施用するハウスでは、葉にデンプン粒をつくらせないためにも、昼の温度をやや高めに管理して、光合成産物を早くショ糖に変換し、各器官へ転流させ、葉を常にクリアに保つことが重要である。具体的には、日中十一～十六時頃のやや高い温度管理が有効となる。

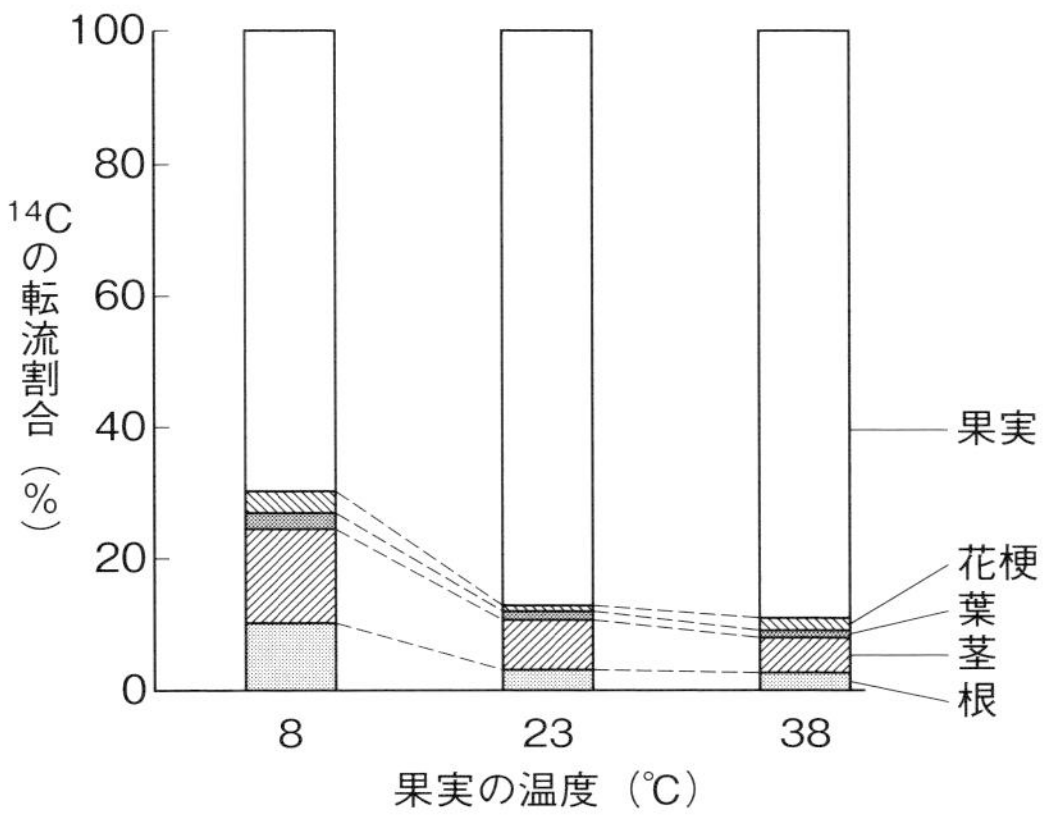

図2―4　果実温度の違いによる光合成産物の転流割合

（吉岡ら、1986）

果実だけをアクリル板で囲み、果実温度に8℃、23℃、38℃の３水準を設け、CO_2（炭素同位体^{14}C）を葉から同化させ、5時間後の^{14}Cの各器官への転流割合を分析した

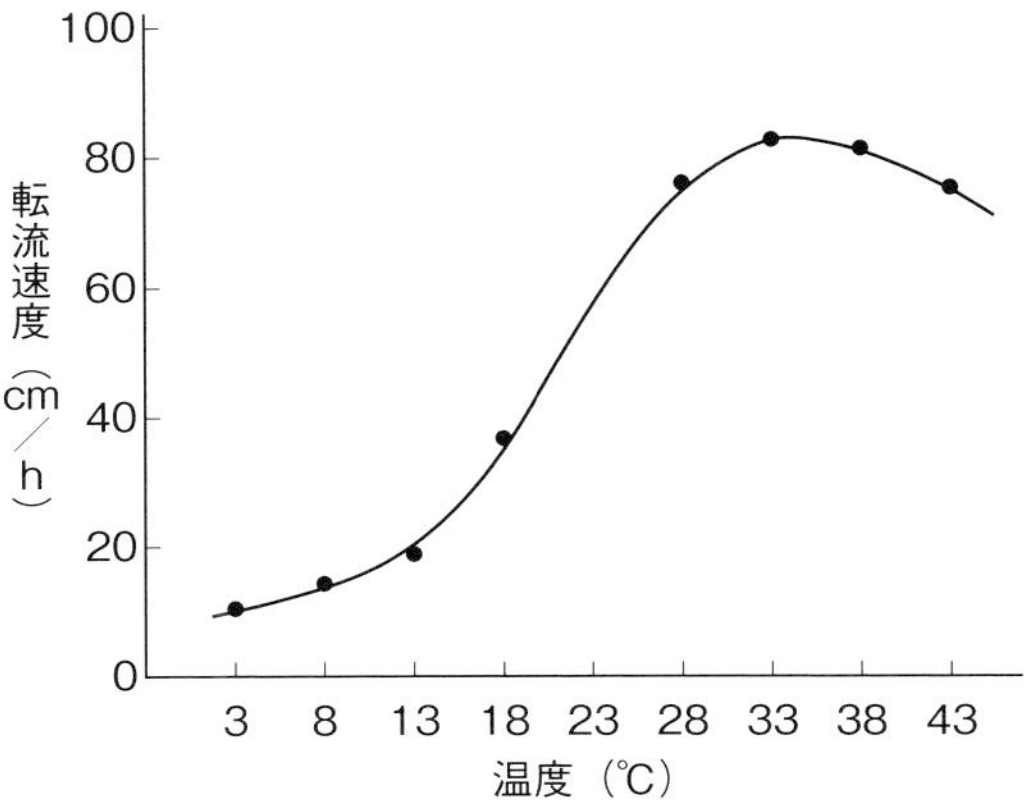

図2―5　温度の違いによる光合成産物の転流速度

（吉岡ら、1986）

温度を8水準（3、8、13、18、28、33、38、43℃）設け、CO_2（炭素同位体^{14}C）を葉の先端小葉から同化させ、30分後に葉を採取、葉柄を1cmごとに切断して^{14}Cの転流速度を分析した

2 高温期・生育初期の温度管理
——根を充実させ、生殖生長へ

では、実際に、長期多段どり栽培に適した温度管理はどのようにすればよいだろうか。生育初期、厳寒期における果実肥大期、生育後期に分けてみていく。

昼温は高めに

トマトが完全に活着した後、生育初期の生育目標は、地下部（根部）の充実と、低日射期に向けてしっかりした生殖生長を確保することである。

生育初期は、着果負担がないため栄養生長に傾きやすい。また、秋期に向かって日射量は少なくなり、夜間の温度も低下してくるため、葉のサイズは大きく、茎は太くなる栄養生長がますます加速して、過繁茂（樹ボケ）となりやすい。

そのため昼間の温度は、高めに管理するとよい（図2―6）。生殖生長に傾けることができる。もし、樹ボケとなる栄養生長に傾いてしまった場合は、換気をさらに控えるか加温によって昼温を二八℃程度まで上げても差し支えない。また十四時頃以降の温度は午前より下げて、根域温度（地温）より気温を下げることで茎葉はコンパクトに育ち、地下部の生育を優先させことができる。

特に重要なのが、夕方から前夜半は暖房機の加温やカーテンでの保温を控えて、温度を低めに管理することである。夕方の気温を下げて日較差を大きくとることで、光合成同化産物を地上部より地下部へ集中させ、根の伸長を促進する。

作柄を決める十一月の低夜温

十一月までの地温（地下一五cm）は、通常一六～一七℃程度は確保されている。このため少々の夜間の低温では生育への影響は出ない。特に第四花房開花より以前であれば、多少の低温では果実への障害はないため、夜間の暖房機の稼働は控えぎみの八～一〇℃設定程度でよい。カーテンは閉めず、換気窓も極力開いているように一〇～一二℃程度に設定すれば十分である。ただし六℃以下では、果実の低温障害（ケロイド状の果皮）も懸念されるた

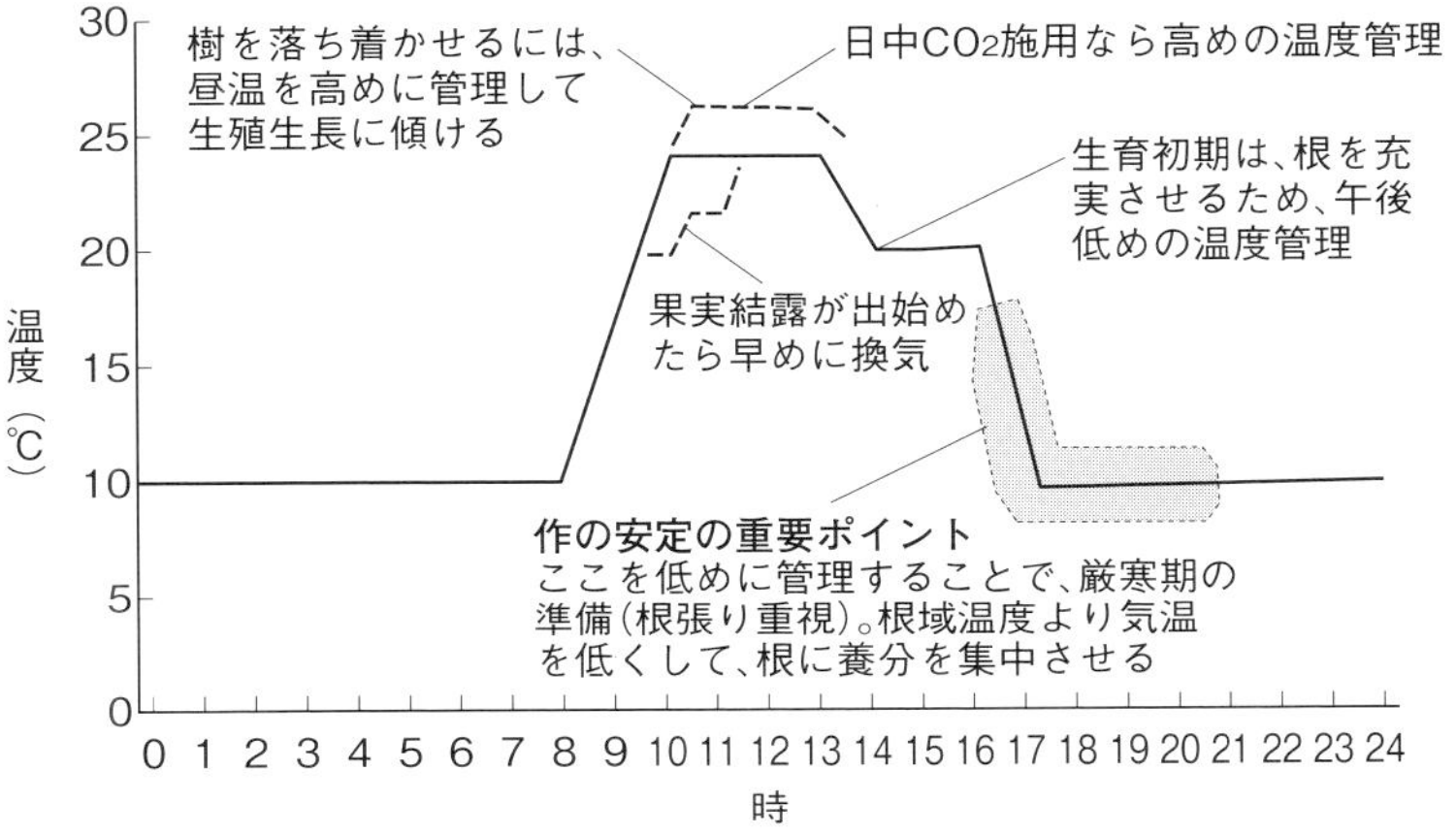

図2—6　生育初期（11月まで、または第4花房開花まで）の温度管理モデル

め、降霜が予想されている日には、保温カーテンや暖房機で低温障害を回避する。

こうして夜間の地上部の温度を地下部より低めに管理できれば、根はしっかりと深層まで伸長し、十二～一月に急な寒波や降雪があっても、カリ欠乏症などで葉先が枯れる障害も発生しにくくなる。

秋期の気象経過と長期多段どり（越冬作型）トマトの作柄の関係をみると、十一月の夜間温度が高く経過する年は不作となる。その要因は、地上部に対して根の充実が不足するからだと考える。十一月の夜間に一〇℃前後の低温にどれだけ長時間遭遇させられるかが、作柄安定の重要事項である。

第四花房開花期以降になって、午前中に果実が結露するようになれば、次の温度管理法への転換期となる。

3 厳寒期の温度管理——果実を濡らさず、肥大させる

この時期のポイントは、果実を濡らさない（結露させない）温度管理と、夕方の換気法である。この方法は果実が肥大している時期に有効で、果実がまだ小さな状態の第四花房開花期前はあまり適さない。

早朝の段階的加温で果実を濡らさない

厳寒期の管理において早朝の加温は、光合成の促進に有効である。日の出の時間で一五℃程度はほしい。さらに多収を目指すなら、日の出で一七℃を確保できると理想的である（図2—7）。

しかし、早朝加温の実施にあたり、日の出時間に合わせた急な温度上昇は絶対にさせてはならない。果実の温度上昇は空気よりも遅れるため、気温と果実温の温度差が生じて、果実表面が結露してしまう。果実結露は灰色かび病の発生を助長する。したがって、午前中の温度上昇も含めて、空気の温度上昇速度は一時間に二℃以内にとどめる。日の出の時間に一七℃にするためには、早朝四時頃から段階的に加温を始める。日の出から始める急な早朝加温は絶対に行なってはならない。

午前中のハウス温度の上昇も、果実結露を防止するため一八℃程度から段階的に換気をしながら上昇させる。急な温度上昇を抑制するこの早めの換気法は、光合成の必須原料であるCO_2を外気から補給できるため、CO_2飢餓の防止にも効果的である。

CO_2の発生機を備えていれば、昼間にCO_2施用を行なうが、日中の温度管理は全体に二℃程度高めに設定するとよい。このことで、CO_2利用効率向上（漏えい防止）、さらに光合成産物の転流を促進し、葉のデンプン蓄積による光合成低下や葉の老化防止につながる。昼間のCO_2施用と高温管理は相性がよく、光合成で同化養分が増えた分を、早めに転流させる高温管理を意識することはとても大切である。

夕方の強換気で果実肥大促進

夕方、日没の三〇～四五分前には、急な強換気（以下、クイックドロップ

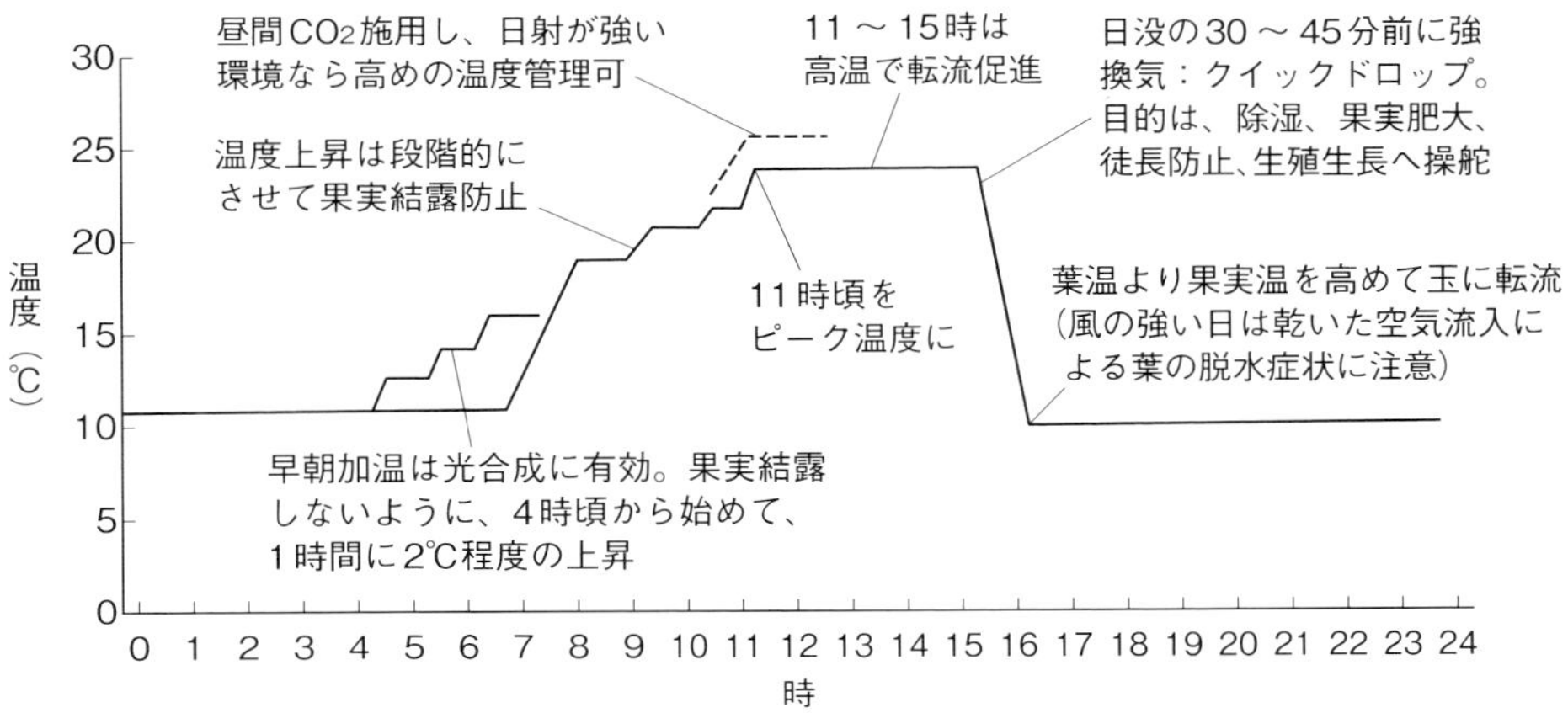

図2—7　厳寒期（12～3月）の温度管理モデル

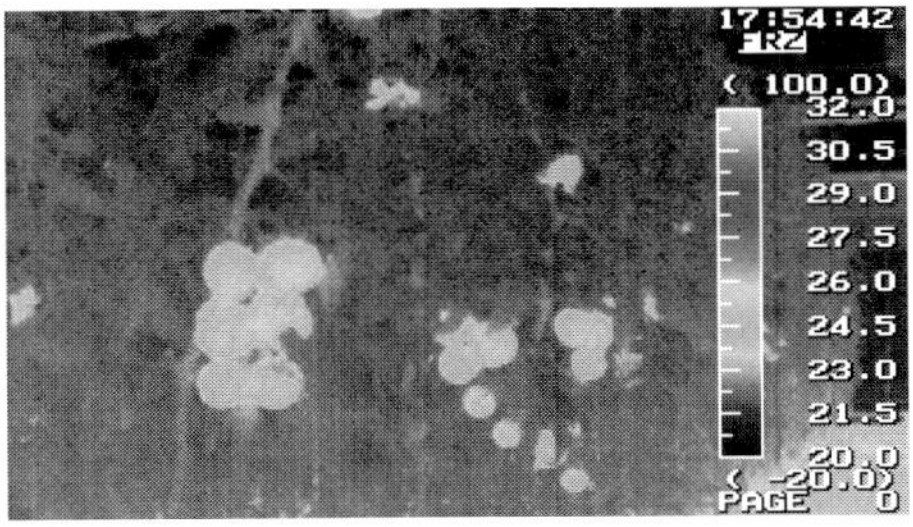

写真2—1　夕方の果実と茎葉の熱画像

空気が急激に冷えると葉温はすぐに下がるが、果実温度は温かいまま

（急な温度低下）を行なう。その目的・効果は、次のように多い。

①急に気温を下げて果実温度だけが温かい状況をつくることで、同化養分の転流配分を果実に集中させ、果実肥大が促進される。

②相対的に茎葉への同化産物の配分が減り、コンパクトな草姿となり、徒長防止になる。

③トマトが生殖生長に向き、花の色が濃く、花梗が太く充実した花房になる。

④温かい空気とともに湿気がハウス外に効率よく排出され、夜間の湿度が下がり、灰色かび病や疫病などの高湿度で誘発される病害の高い防除効果が得られる。

写真2—1は、晴天日、日没後のトマトの熱画像（サーモグラフ）である。急な気温低下とともに葉温は低下するが、果実には蓄熱されていることがわかる。この温度差の時間を長くつくることが果実肥大に効果的である。

乾いた冷気を急に入れない管理

このように夕方のクイックドロップ

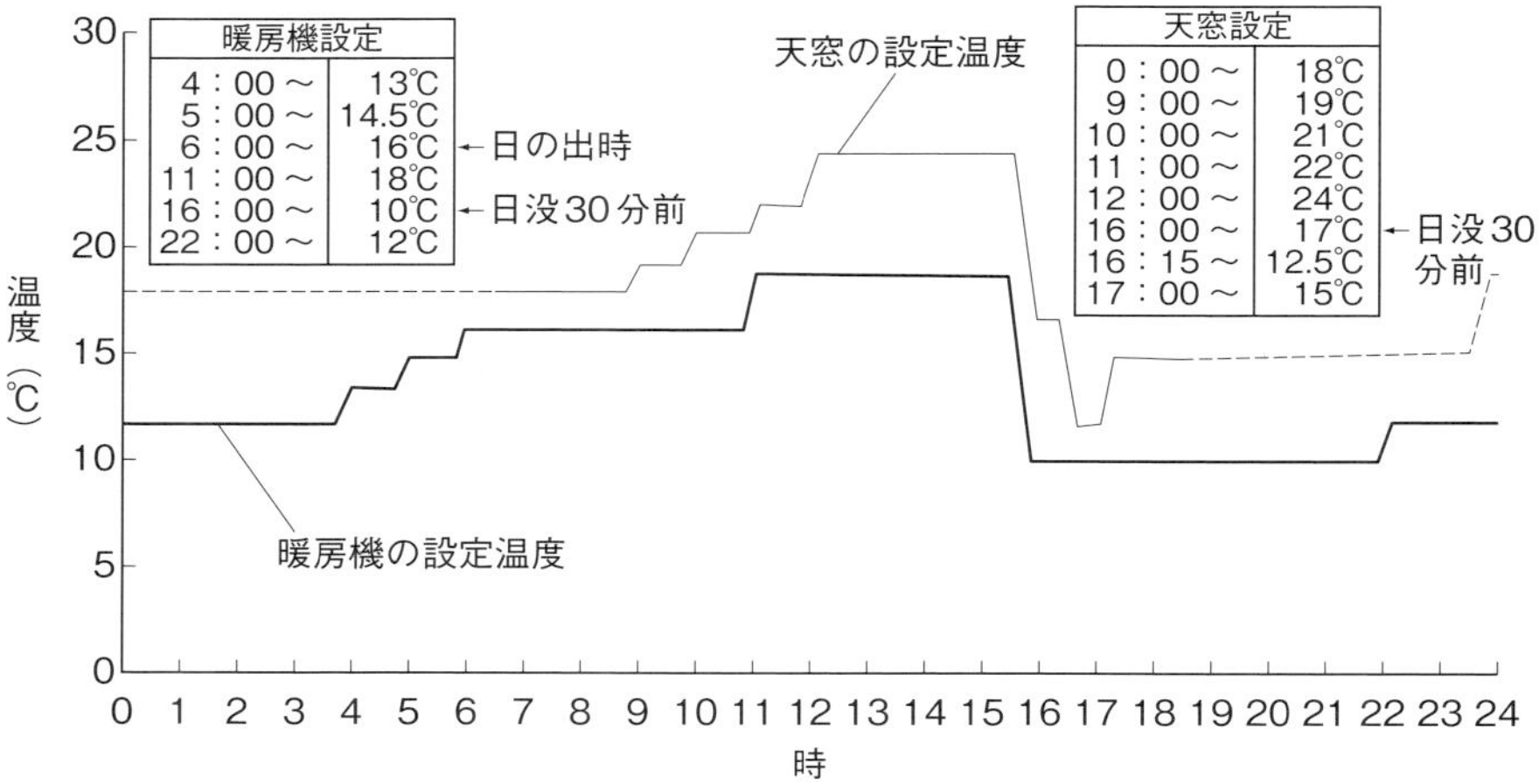

図2—8　厳寒期（1月）の温度設定事例

は、トマト栽培の重要な管理テクニックである。しかし、急な温度低下は、乾いた空気の流入により葉の脱水症状を起こす危険がある。また、乾いた冷気が直接生長点に降りかかると、生長点付近の伸長停滞と葉縁の黄化（軽いチップバーン）、小葉化も起こり得る。そこで、風が強い日には換気窓の開度制限をする。

　天窓の開度制限は、ハウス条件により異なるが、二〇～四〇％程度が標準的である。換気制御機器の種類によっては、変温移行制御という機能が付いている。この設定を「五分間で二℃程度」にしておけば、乾気の過度の流入を防止できる。いずれにしても冬期の乾いた北風・西風には要注意である。

　また、クイックドロップは温度差があることが前提となるため、操作を開始するタイミングは日没の三〇～四五分前、一八℃程度を確保できている時間が基準である。夕方のハウス温度の下がり方は太陽高度や外気温度によっても左右されるため、日射角度の低い十二月下旬～一月はやや早めに、日射角度の上がる二月以降になれば遅めのクイックドロップ操作とする。

　ときどき栽培現場では、過剰に早いタイミング（十五時頃）でクイックドロップ操作を行なう事例を見かける。これでは、まだ日射が十分にあるにもかかわらず、ハウスには乾いた冷たい空気が流入し、トマトは葉の気孔を閉じて光合成を早々と停止させてしまうことになる。

　そこで有効なのが、昼～夕方に暖房機やヒートポンプを使って、日没の直前まで一八℃を確保することである。こうして、夕方、日没ギリギリまでしっかり光合成させて一八℃程度を確保した状態で、日の入りとともにクイックドロップを行なうと理想的な管理といえる。

図2—8は、現地に導入されている温度制御機器を想定して作成した、具体的な温度管理の設定例である。暖房機の設定六段階、天窓の設定八段の範囲内で変温設定している。本来は、変温段階数に余裕があれば、午前中の温度上昇をさらになだらかに上昇させたいところであるが、限られた設定能力のなかでは、おおむね良好な設定といえる。

昼間の加温について、ここでは十一時～日没の三〇分前までの設定を一八℃としており、曇雨天日には暖房機が稼働することとなる。この加温で植物の蒸散と代謝促進、肥料の吸収促進、夕方のクイックドロップへの準備をしている。この設定にしておけば、曇雨天日であっても夕方には換気窓が開くことになり、除湿効果により病害の発生を予防できる。

従来の温度管理とは何だったのか

図2—9には、古くから多くの生産者が参考にしていた従来型の温度管理の考え方を示した。実際に促成作型トマトの生産現場では、このような温度管理で安定的に栽培できていたことと思う。

しかし、なぜ促成作型のトマトでは、従来型の温度管理が推奨されてきたか。その理由は次のことがあげられる。

夜間の温度は、省エネや節間伸長の抑制をねらっていた。一〇℃以下の低い温度で管理していたため、日の出からハウスを密閉し、午前の温度をいち早く上昇させて、生育の促進・地温上昇をさせた。定植も遅く、十一～一月にはまだ果実が小さいため、早朝から午前に温度を急上昇させても果実結露はしにくく、灰色かび病になりにくかった。優先課題が病害防除や樹勢を抑えることであるため、かん水を極端に抑え、ハウス内を乾燥させる管理をしてきた。そもそもCO_2の昼間施用は行なっ

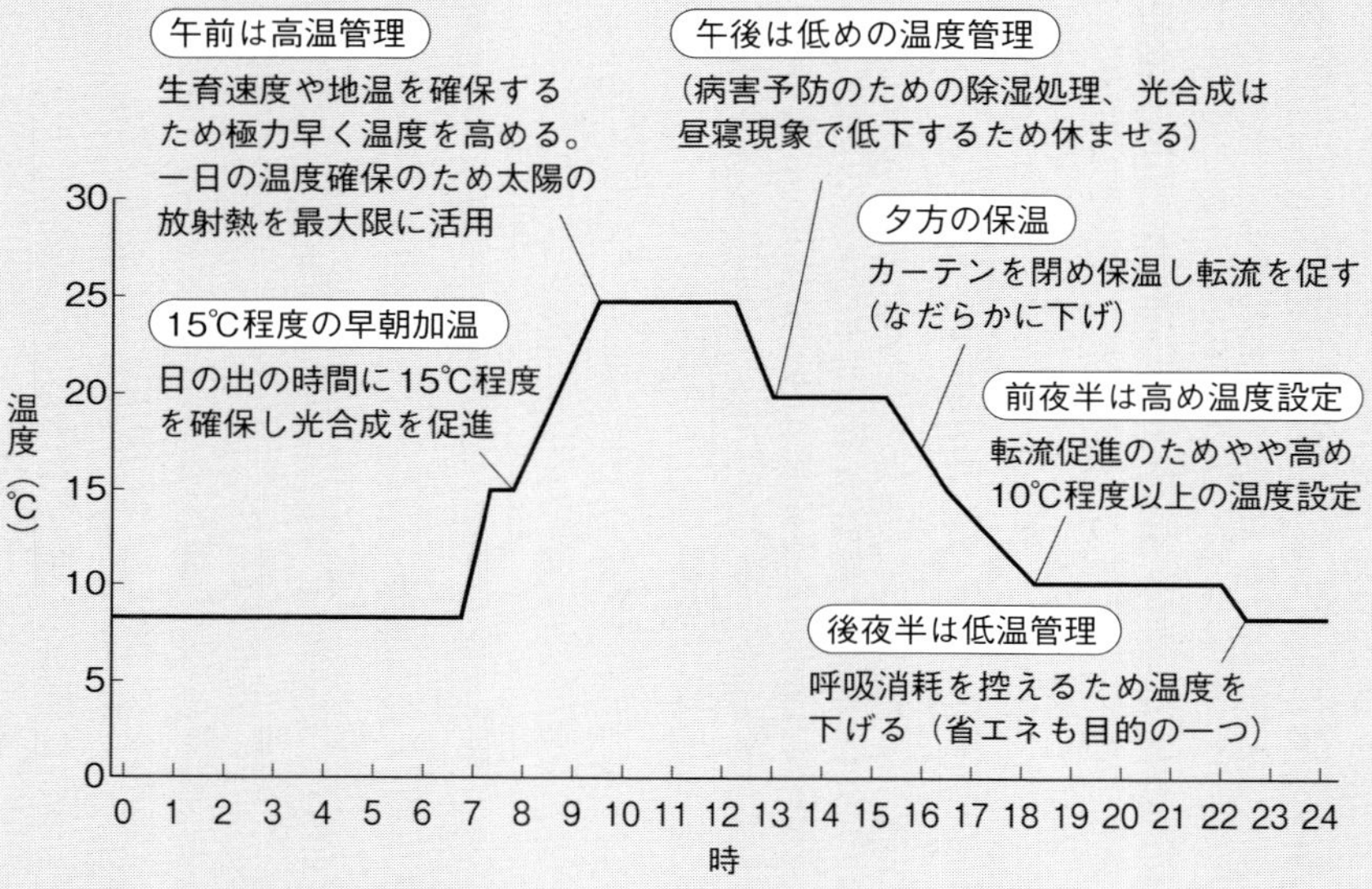

図2—9　従来型の厳寒期の温度管理の考え方

ていなかったため、同化養分の生産量が少なく、午後の高温管理による転流促進の必要がなかった。午後は、除湿目的や株の呼吸消耗を控えるため、換気量を多くしてやや低温で管理した。また午後に外気からCO_2を取り込むことが有効であった。夕方はハウスを早めに閉めて、少しでも暖房機の稼働を遅らせようとしてきた。

このように従来型の温度管理には、促成作型が安定して行なえる、理にかなった点も多い。しかし、さらに多収をねらうには、昼間のCO_2施用などと合わせて、温度管理も変更が必要になってくる。大切なのは、温度管理（換気）が、トマトの生育に与える効果をしっかり理解することである。

4 暖候期の温度管理
——草勢維持でしおれを防ぐ

日射も強まり、温度もどんどん上がっていくこの時期のポイントは、しおれを防ぐこと。果実温度の上昇を抑えること。さらに、根の再充実を図ることである（図2―10）。

低めの昼温で草勢維持

三月中旬頃であれば、午前中の温度上昇時に果実が結露することがある。結露がまだ発生するようなら、厳寒期の朝～午前の管理同様に、温度上昇の速度を一時間に二℃以内とする（四月以降では夜間の換気閉鎖が少なくなり果実結露はしなくなる）。

午前の温度は、積極的な換気によって二三℃程度を目安に低めに管理する。午後の温度も高めない。一日のピークの温度を高めてしまうと草勢が低下、茎が細く、葉が小型になってしまう。場合により二〇～二二℃にさらに下げて管理してもよい。

三月中旬以降、晴天日には果実は必要以上に高温になってしまうため、厳寒期に行なってきたクイックドロップは必要がなくなる。午後の温度は、午前と一定か、または二三℃以下の低めに管理する。

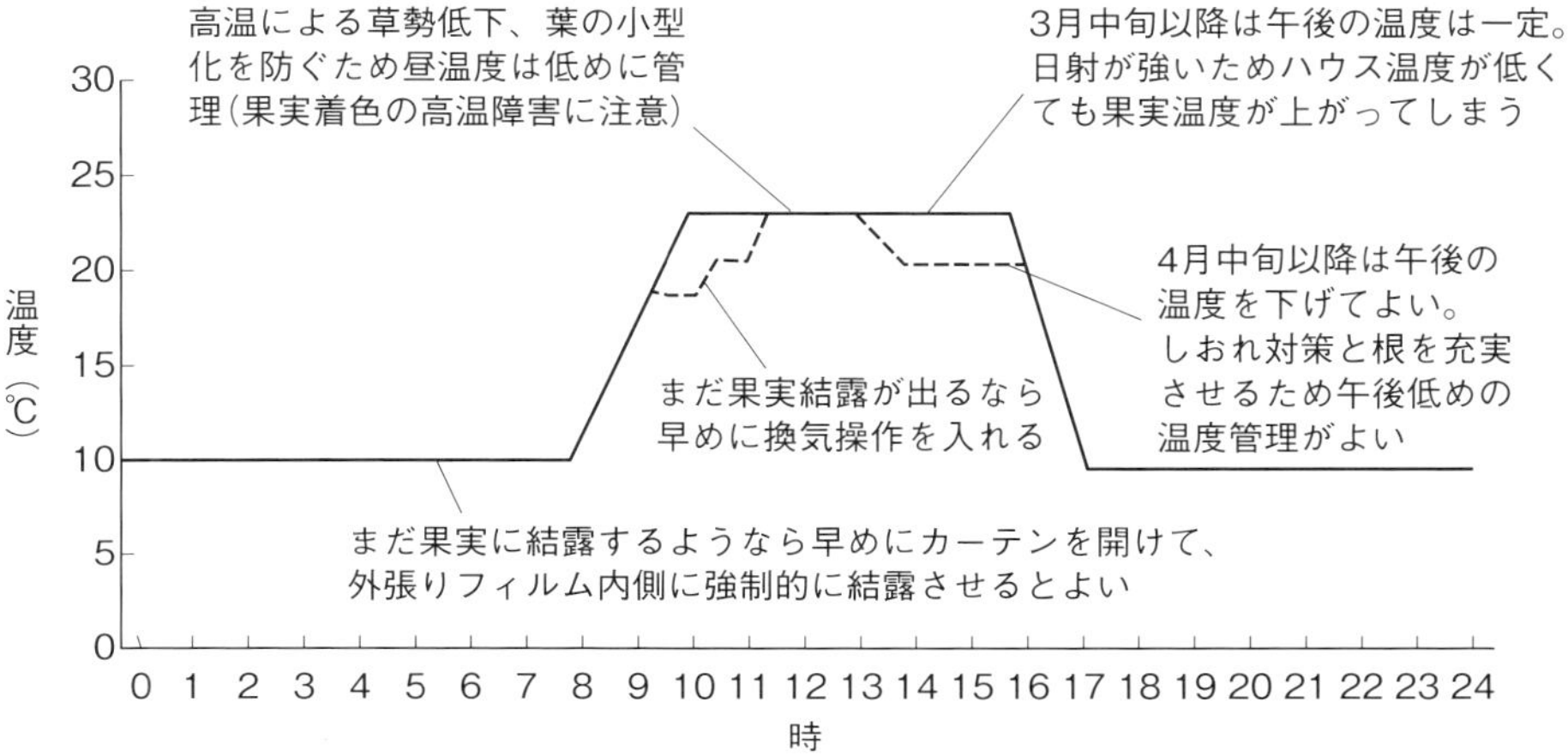

図2―10　暖候期（3月中旬以降）の温度管理モデル

四月中旬以降は、午後の温度は一八～二〇℃程度でさらに低めに管理するとよい。午後の温度を低めに管理すると、光合成産物の転流は根部への配分が高くなる。強日射でしおれの発生が多くなる時期でもあるため、根の再充実と草勢の維持を目的として午後の低めの温度管理が有効となる。

四月中旬以降の夜間の温度は一〇℃以上になるので夜間の保温や加温が不要になってくる。

また昼は強日射により、天窓だけの換気では不足してくる。サイドの保温カーテンを早めに収束するか取りはずし、側窓も全開にできるように改修するなど、換気効率の向上、昇温抑制の努力が必要となる。

なお、温度が正しく測定されていないと、せっかくの温度管理が台なしになる。正しい温度を測るようにしたい（151ページ参照）。

5 新しい湿度管理

ハウスの中は乾きすぎている

トマトは原産地が南米アンデス地方であるため、古くから乾燥環境が適しているといわれてきた。さらに高湿度条件では灰色かび病や疫病などトマトの重要病害の発生リスクが高まるため、栽培現場でも乾燥した環境条件を目標に栽培してきた。しかし近年、栽培環境と光合成速度や気孔の開度の研究が数多く行なわれ、乾いた栽培環境では葉の気孔が閉じてしまい、光合成速度が大きく低下してしまうことが明らかになってきた。

また近年、「飽差」という新しい尺度が植物の管理、特に気孔の開閉や光合成速度に影響が大きいとされ、栽培現場でも「飽差」が強く意識されている。飽差とは、一m^3空気にあとどれだけ水分を含む余裕があるかを示す数値である。作物栽培の観点からは、湿度は飽差でみるのがよい。

さらに、こうした湿度（飽差）の制御が栽培現場でもできる装置（細霧ノズルや制御盤）がさまざまなメーカーから開発・発売され、その導入効果が栽培現場でも多く聞かれるようになってきている（写真2―2）。

表2―2は、近年、栽培現場でも多

写真2―2　上は細霧ノズル、下は湿度（飽差）制御盤
（上下ともイシグロ農材製）

く見かけるようになった飽差表である。光合成の促進には飽差三～六g／m^3が適しているとされ、表2―2では最適帯として示す。この最適帯を離れるほど気孔は閉じていき、光合成は減速することになる。

図2―11に、筆者らが行なったハウスの湿度（飽差）とトマト光合成の関係を調査した実験結果を示す。確かに飽差値三～六g／m^3で高い光合成速度となり、飽差で九g／m^3程度までであれば、おおむね良好な光合成が行なえることが見てとれる。

高湿度が続いても問題が起こる

トマトの光合成促進には高湿度環境が有効であることがわかる。しかし、栽培現場で高湿度環境を維持してトマト栽培を長期に行なうと、次のような

表2―2　飽差表　　（飽差単位：g/m^3）

温度（℃）	相対湿度（Rh%） 40%	45%	50%	55%	60%	65%	70%	75%	80%	85%	90%	95%
8℃	5.0	4.6	4.1	3.7	3.3	2.9	2.5	2.1	1.7	1.2	0.8	0.4
9℃	5.3	4.9	4.4	4.0	3.5	3.1	2.6	2.2	1.8	1.3	0.9	0.4
10℃	5.6	5.2	4.7	4.2	3.8	3.3	2.8	2.4	1.9	1.4	0.9	0.5
11℃	6.0	5.5	5.0	4.5	4.0	3.5	3.0	2.5	2.0	1.5	1.0	0.5
12℃	6.4	5.9	5.3	4.8	4.3	3.7	3.2	2.7	2.1	1.6	1.1	0.5
13℃	6.8	6.2	5.7	5.1	4.5	4.0	3.4	2.8	2.3	1.7	1.1	0.6
14℃	7.2	6.6	6.0	5.4	4.8	4.2	3.6	3.0	2.4	1.8	1.2	0.6
15℃	7.7	7.1	6.4	5.8	5.1	4.5	3.9	3.2	2.6	1.9	1.3	0.6
16℃	8.2	7.5	6.8	6.1	5.5	4.8	4.1	3.4	2.7	2.0	1.4	0.7
17℃	8.7	8.0	7.2	6.5	5.8	5.1	4.3	3.6	2.9	2.2	1.4	0.7
18℃	9.2	8.5	7.7	6.9	6.2	5.4	4.6	3.8	3.1	2.3	1.5	0.8
19℃	9.8	9.0	8.2	7.3	6.5	5.7	4.9	4.1	3.3	2.4	1.6	0.8
20℃	10.4	9.5	8.7	7.8	6.9	6.1	5.2	4.3	3.5	2.6	1.7	0.9
21℃	11.0	10.1	9.2	8.3	7.3	6.4	5.5	4.6	3.7	2.8	1.8	0.9
22℃	11.7	10.7	9.7	8.7	7.8	6.8	5.8	4.9	3.9	2.9	1.9	1.0
23℃	12.4	11.3	10.3	9.3	8.2	7.2	6.2	5.1	4.1	3.1	2.1	1.0
24℃	13.1	12.0	10.9	9.8	8.7	7.6	6.5	5.4	4.4	3.3	2.2	1.1
25℃	13.8	12.7	11.5	10.4	9.2	8.1	6.9	5.8	4.6	3.5	2.3	1.2
26℃	14.6	13.4	12.2	11.0	9.8	8.5	7.3	6.1	4.9	3.7	2.4	1.2
27℃	15.5	14.2	12.9	11.6	10.3	9.0	7.7	6.4	5.2	3.9	2.6	1.3
28℃	16.3	15.0	13.6	12.3	10.9	9.5	8.2	6.8	5.4	4.1	2.7	1.4
29℃	17.3	15.8	14.4	12.9	11.5	10.1	8.6	7.2	5.8	4.3	2.9	1.4
30℃	18.2	16.7	15.2	13.7	12.1	10.6	9.1	7.6	6.1	4.6	3.0	1.5

注）濃い灰色の部分（3.0 ～ 6.0）が光合成の最適帯。薄い灰色（1.5 ～ 9.0）は許容範囲

さまざまな問題が生じてくる。

・葉からの蒸散量が減少し、根の吸水、吸肥の能力が鈍る。

・葉が薄く、大きくなり、栄養生長過多となる。

・曇雨天後の晴天、春先の強風でしおれ症状が著しくなる。

・しおれの影響で尻腐れ果が多くなる。

・かいよう病、灰色かび病、疫病などの病害リスクが高まる。

これらのデメリットも考慮すると、細霧システムを利用した飽差管理を行なう場合は、光合成の促進を最優先にするのでなく、飽差をやや乾きぎみの六〜九g／m³にするのがよい。また、時間帯によっては、さらに乾いた環境とすることも必要である。

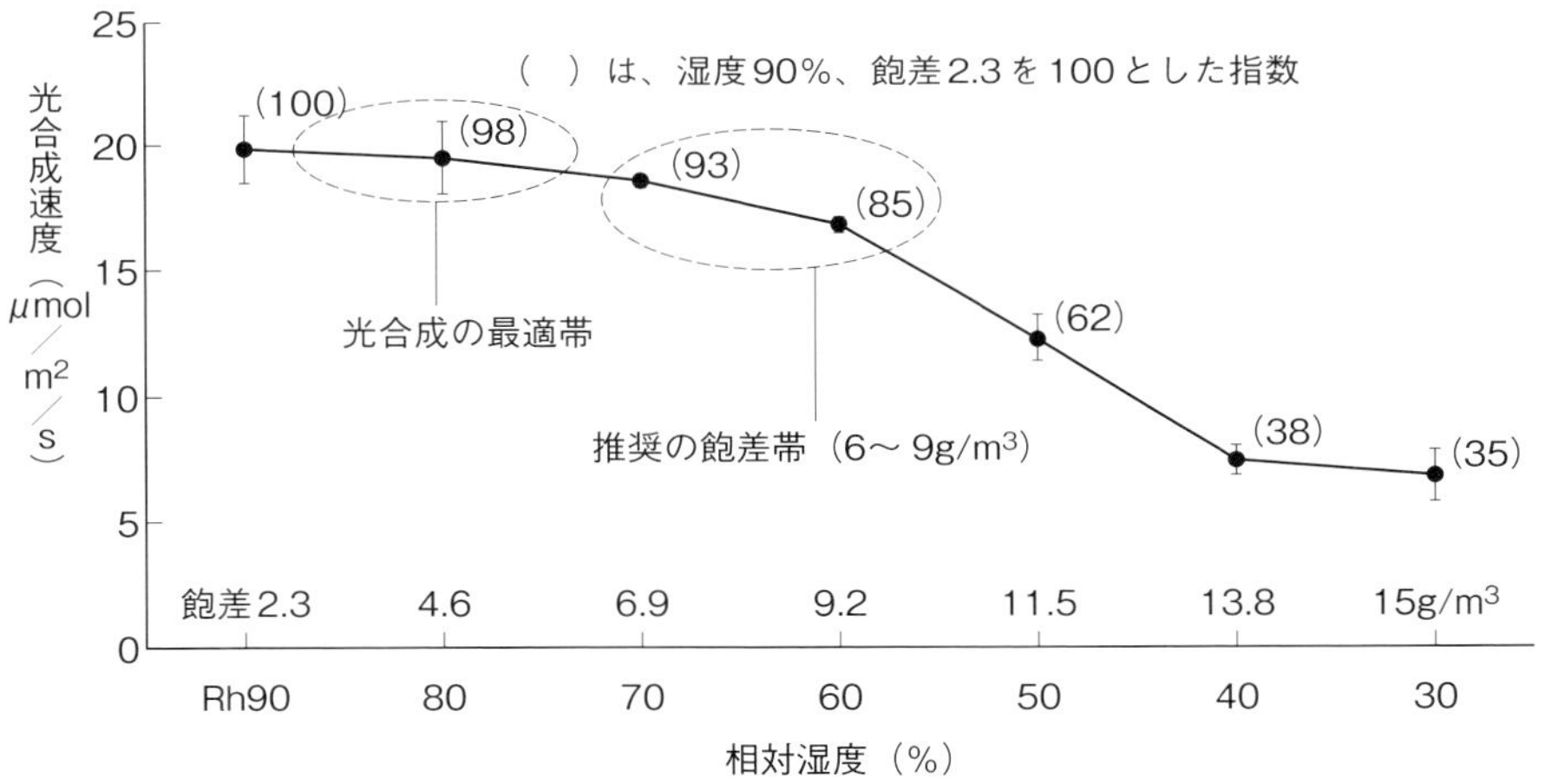

図2—11　湿度（飽差）と光合成の関係　（吉田・松本、2010）

測定条件：温度25℃
光量子束密度：1,200 μmol

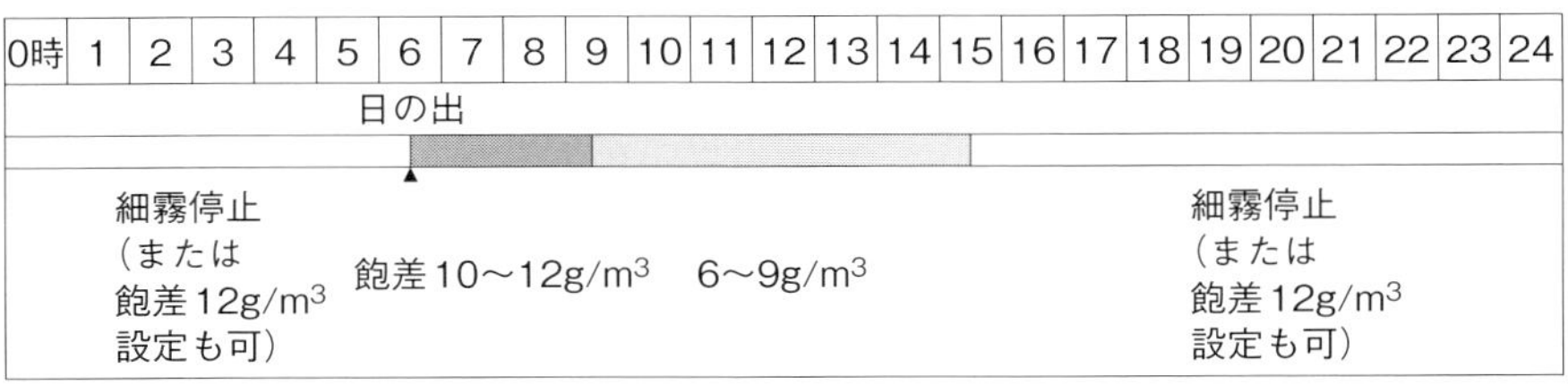

図2—12　細霧システムの飽差設定の目安

一日の飽差設定の目安

図2―12には一日の飽差設定の目安を示した。日の出から二～三時間後（積算日射量二〇〇J／cm^2程度となるまで）は葉からの蒸散を促し、植物体内の代謝、根を活性化させるため、乾きぎみの飽差一〇～一二g／m^3に設定するとよい（写真2―3）。また、日没までにハウス環境を完全に乾かすため、十五時以降は細霧システムを稼働停止とするか、過剰乾燥（葉の脱水症状）の予防のため飽差一二g／m^3に安心設定をしておくとよい。

写真2―3　新しい飽差制御盤
（イシグロ農材製）

飽差設定幅が広く、オプションでCO_2濃度制御も可能

細霧システムが絶大な効果を発揮する使い方は、①定植後の活着促進、②曇雨天後の急な晴天日のしおれ対策、③三月上旬以降の強日射での昇温抑制効果による草勢強化、しおれ対策、④過乾燥による気孔閉鎖（光合成低下）の防止、である。

このことを意識して細霧システムを上手に活用すれば、増収効果、果実肥大促進効果が得られるはずである。

細霧システムなしでも管理できる

ここまでは細霧システムや飽差コントローラなどを利用した積極的（直接的）な湿度制御について述べたが、細霧システムがない場合でも適正な湿度に近づけることができる。

ハウス内の空気中の水分には、かん水した水が蒸発するほか、トマトの葉から自然に蒸散する水分も含まれている。トマトの葉から蒸散する水分量は、条件がよければ一株から一・五～二・〇ℓ／日もの量となる。仮に一〇a当たり二〇〇〇本のトマトから各株二ℓが蒸散すれば、空気中には四〇〇〇ℓ／日もの多量の水分が供給されることになる。

また、葉面積の多少、葉面積指数（LAI）の制御は、空気中の湿度への影響が非常に大きい。春先以降は、側枝を利用して枝数を増やせば、相互遮へい効果で葉が素直に展開し、適正な葉面積が確保される。LAIと蒸散量を意識して管理しさえすれば、細霧システムがなくても適正な湿度（飽

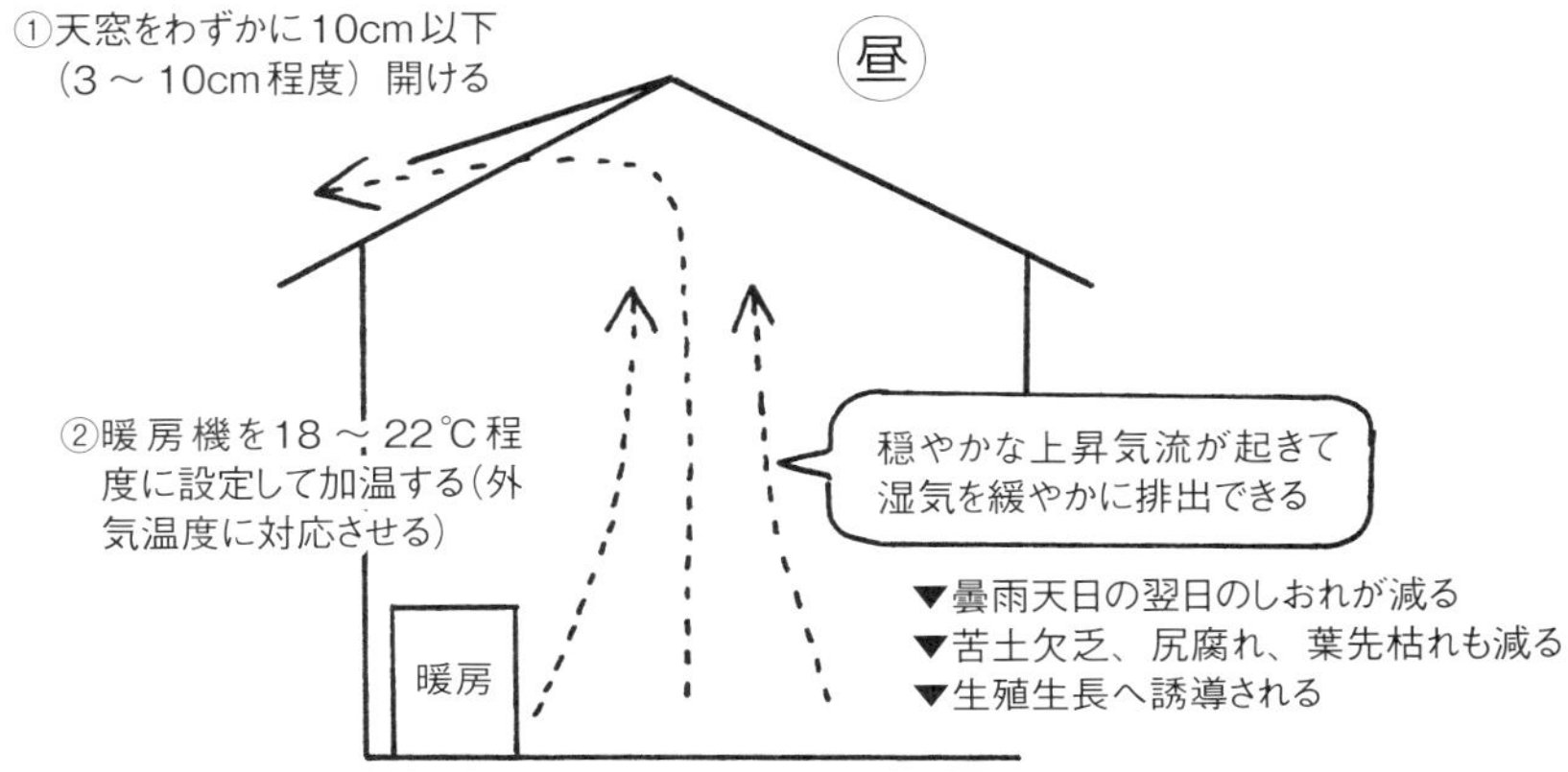

図2―13　冬期の昼間の除湿方法（曇雨天日）

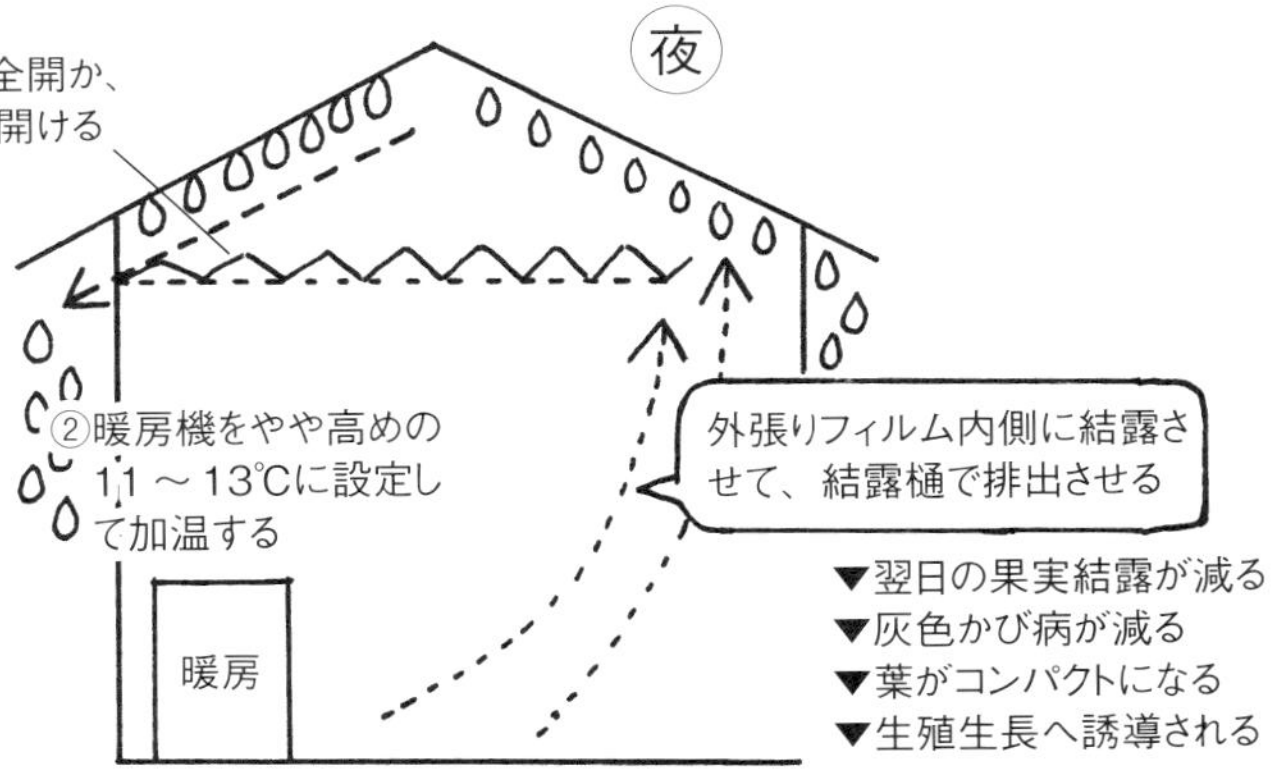

図2―14　冬期の夜間の除湿方法（結露水の排出法）

差）に近づけることもできる。

湿度（飽差）の制御では、細霧システムばかりに頼るのではなく、総合的な栽培管理が求められる。健全な根の水分吸い上げ能力、ＬＡＩの適正化、カーテンの利用、さらに通路かん水などにより、湿度でRh七〇％程度、飽差で八g／m^3程度を大まかな目標として管理することも重要である（葉面積指数の制御は44ページ参照）。

除湿は昼のわずかな換気と暖房で

ハウス内を除湿するにあたり、電気コンプレッサー式の除湿専用器を導入している事例が一部に見られる。またヒートポンプの機種によっては除湿機能を持つものもある。しかし、これら電気式の除湿機器は、導入コストや使用電力・除湿効率などに課題があるようで、あまり普及が進んでいないのが現状である。

古くからハウスの除湿は、①暖房機によってハウス内の空気を温める、②強めの換気で温めた空気とともに水蒸気を外に排出する、という操作を数回くり返すことにより実施している。しかし、この操作では、ハウス内への急な冷気の流入で、下向きの強い気流が発生しやすく、生長点付近の葉先枯れや、乾いた風による葉の脱水症状や、気孔が閉鎖し光合成が停止するなどの危険があった。

そこで安全で確実な除湿方法として、次のようにするとよい。

冬期の昼間の除湿には、換気窓をわずかに（開度一〇％程度）開けてから、暖房を行なう。設定は一八～二二℃。外気の温度条件により暖房稼働のオン・オフが多少あるように調整する（図2―13）。こうすることで、暖かい空気の穏やかな上昇気流が起きて、緩やかに除湿ができる。冷気による生育障害も防止できる。

仮にヒートポンプが導入されているならば、この昼間の加温操作を行なうために使用すれば、効率的な熱交換で省エネ性が高い除湿操作ができる。

また、軒の高いハウスでのこの除湿操作の際は、循環扇を停止するとよい。穏やかな上昇気流を乱すことなく効率的な除湿ができる。

夜の除湿は結露水で排出

冬期の夜間の有効な除湿方法は、カーテンを閉めない（またはカーテンに隙間をつくる）ことである（図2―14）。このことで暖房で温められた空気は、直接、外張りフィルムに触れるため、フィルム内側には多量の結露水が付く。この結露水を結露樋を通してハウス外に排出すれば、非常に効率的な除湿となる。

エフクリーンなどの硬質フィルムのハウスではこの結露水の排出による除湿効果が高いが、内側に流滴剤をしっかり塗布しておくと、さらに除湿効果が高まる。

夜間の外気温度が高い日には、フィルム内面には結露しにくいため、この手法は適さない。暖候期の夜間の除湿は、昼の除湿方法と同様に、換気窓をわずかに開けて暖房する。

6 CO_2管理

適正な濃度、施用時間、施用方法

CO_2は光合成の直接的な原料であり、原料が不足すれば光合成も減速する。CO_2の適正な供給は、トマトの光合成促進と収量増加に欠かせない管理である。

ひと昔前、CO_2施用の方法は早朝に行なうのが一般的であった。しかし、実際に環境モニタリング機器でハウス内を計測すると、夜間にはトマト植物体および土壌微生物の呼吸で発せられるCO_2により、早朝までに八〇〇ppm程度までの高濃度に上昇していることがわかる（図2―15）。いっぽうで、日中の光線の強い時間帯には、CO_2が二〇〇ppm近くまで低下し、CO_2が飢餓状態にある。

図2―16では、CO_2濃度と光合成速度の関係についての筆者の実験結果を示す。この図から、光合成に最適であるCO_2濃度は八〇〇～一〇〇〇ppm程度であることがわかる。しかし、一般的なトマト栽培施設において、日射が十分にある環境では換気窓が開いているため、CO_2を八〇〇ppm程度の高濃度に保つことは困難で、さらにCO_2の漏えいを考えるとムダの多いCO_2施用方法はすすめられない。これらの

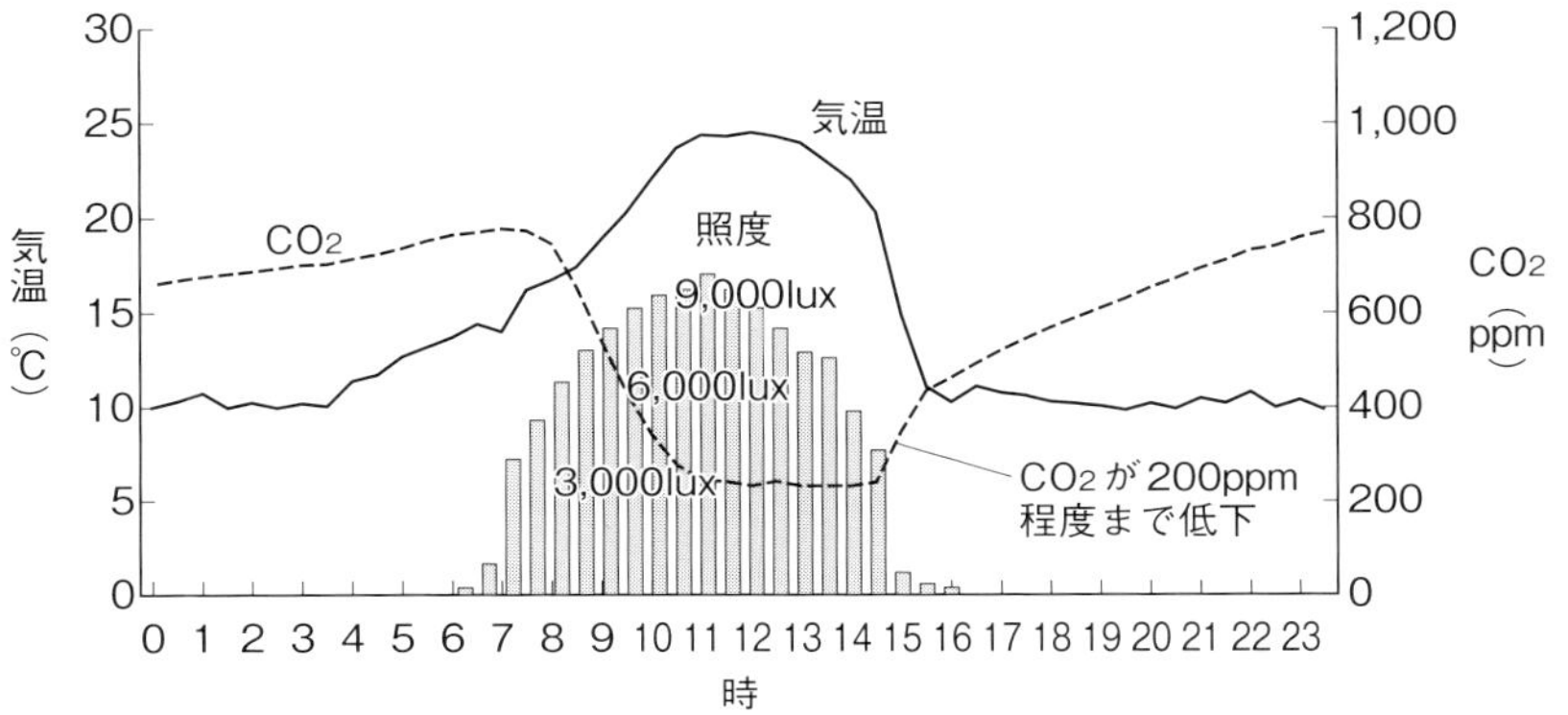

図2―15　CO_2無施用ハウスのCO_2濃度推移　（吉田、2014）

注）測定は2014年12月18日（快晴）、測定地点：栃木県小山市

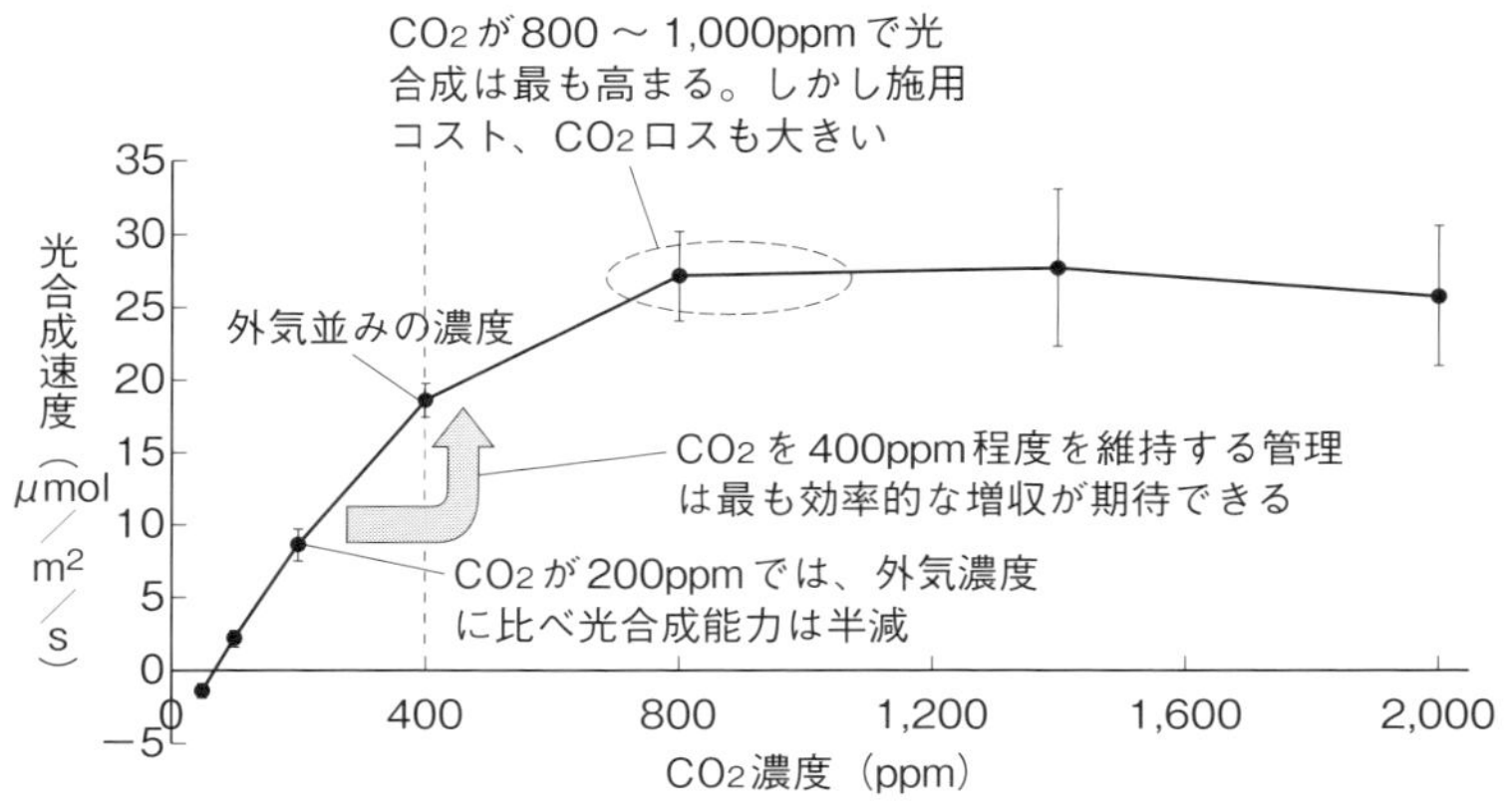

図2—16　CO_2濃度と光合成の関係　（吉田・松本、2010）

ことから、日中に換気窓が開いた状態でも効率的に施用できる手法、つまり日中の低濃度施用（四○○ppm程度を維持するゼロ濃度差CO_2施用法）が有効である。

日中のCO_2施用では、濃度設定を四○○ppm程度とするのが効率的であるが、朝、換気窓が完全に閉まっている時間帯（冬期七時～九時半頃）は、漏えいの心配がないので、六○○ppm程度に高める管理をすれば、さらに増収も期待できる。

また、濃いガスは薄まろうとする濃度拡散作用がある。CO_2を発生機から直接ハウスに噴き出したのでは、濃いガスは近くの天窓からすぐに漏えいしてしまう。そのため、CO_2はトマトの葉の近くで噴出することが有効である。そこで写真2—4のように暖房用の温風用ダクトを利用し、暖房機の空気吸い込み口の近くでCO_2を発生させて、ダクトを各株元に配置し、株元から葉に向けて噴出する手法が効率的である。

いつから施用開始し、いつ終了するか

CO_2施用の開始時期は、第三～四花房の開花期以降、果実の光合成シンク能が高まってからのほうがよい。着果負担がない状態での施用は、異常主茎や草勢過剰を助長し、葉巻き症状の発生や葉の老化を早める傾向もあるので注意する。

いっぽう、CO_2施用の終了時期は、四月以降、ハウス側窓の全開時期から徐々に終了させていく。この時期になると換気率が高まり、CO_2の漏えいも増えてくる。四○○ppmの濃度設定をしていると、CO_2発生機が連続稼働となるこ

①CO_2は暖房機の空気吸い込み口の近くで発生させる
②CO_2の噴出は温風用ダクトを活用し、日中に低濃度で連続施用

③CO_2の噴出は葉や果実に向ける。ダクトは条間（70cm）に配置する

写真2―4　CO_2の施用方法（温風用ダクト利用法）

とが多い。このため一気に施用を中止しがちであるが、トマトはまだまだCO_2を欲しているため、濃度設定を三五〇ppm程度に下げるか、濃度施用からタイマー施用に切り替えて、少しずつでもCO_2を補給する施用方法が効果的である。

摘芯処理後、最終花房の果実が直径二〜三cmに肥大してくれば、果形や果実肥大能力は決定してくるため、CO_2の施用は中止してよい。

7 葉面積管理

密植だと栄養生長に、疎植だと生殖生長に

トマトの栽培において、葉面積を適正に保つことは重要である。密植栽培で葉が過剰に混み合えば、トマトは少しでも光を多く受けようと葉が大きくなり、さらに茎も太くなり栄養生長に傾く。反対に、疎植で葉面積が少なすぎるとトマトは生殖生長に傾き、葉は小さくなり、葉からの蒸散が少なくなるため施設内は過度な乾燥状態となり、光合成は減速し生育が弱まる傾向が著しくなる。

葉面積を制御する場合、葉面積指数（LAI：Leaf Area Index：m^2/m^2）を参考に管理する手法がある。

葉面積指数とは、栽培する床面積当たりの葉の面積を数値化したものである。オランダのトマト生産では、日射の弱い冬期には二〜二・五、日射が強まる春から初夏には三〜四がよいといわれている。しかし栽培現場では葉の面積を正確に把握することは困難であるため、葉一枚当たりの面積を推定（サカタのタネ「麗容」であれば約八〇〇cm^2／葉）して、展開枚数で管理する。

図2―17は、オランダで用いられている葉面積指数の管理表をもとに、栃木県南部の気象条件と栽培品種（サカタのタネ「麗容」）に併せて筆者が作成した指標である。

日射が強ければ葉を多く、弱ければ少なく

基本的に、日射が強ければ葉は多く、日射が弱ければ葉は少なく管理する必要がある。この考え方は、ひと昔前とは逆とも感じられるが、日射が少ない時期に葉が重なり合うようにすると、茎葉ばかりが育ち、果実が肥大しにくいことをイメージするとわかりやすい。日射が少ない時期に栽培するのであれば、あらかじめ茎本数を少なくするか、葉を切除して葉面積を制限する必要がある。

最も日射量の少ない十一月中旬〜一月上旬であれば、「麗容」を一〇a当たり二一〇〇本（およそ坪七本）で栽培していれば、一株当たりの葉の枚数

◎**年間の日射量**（宇都宮気象台）

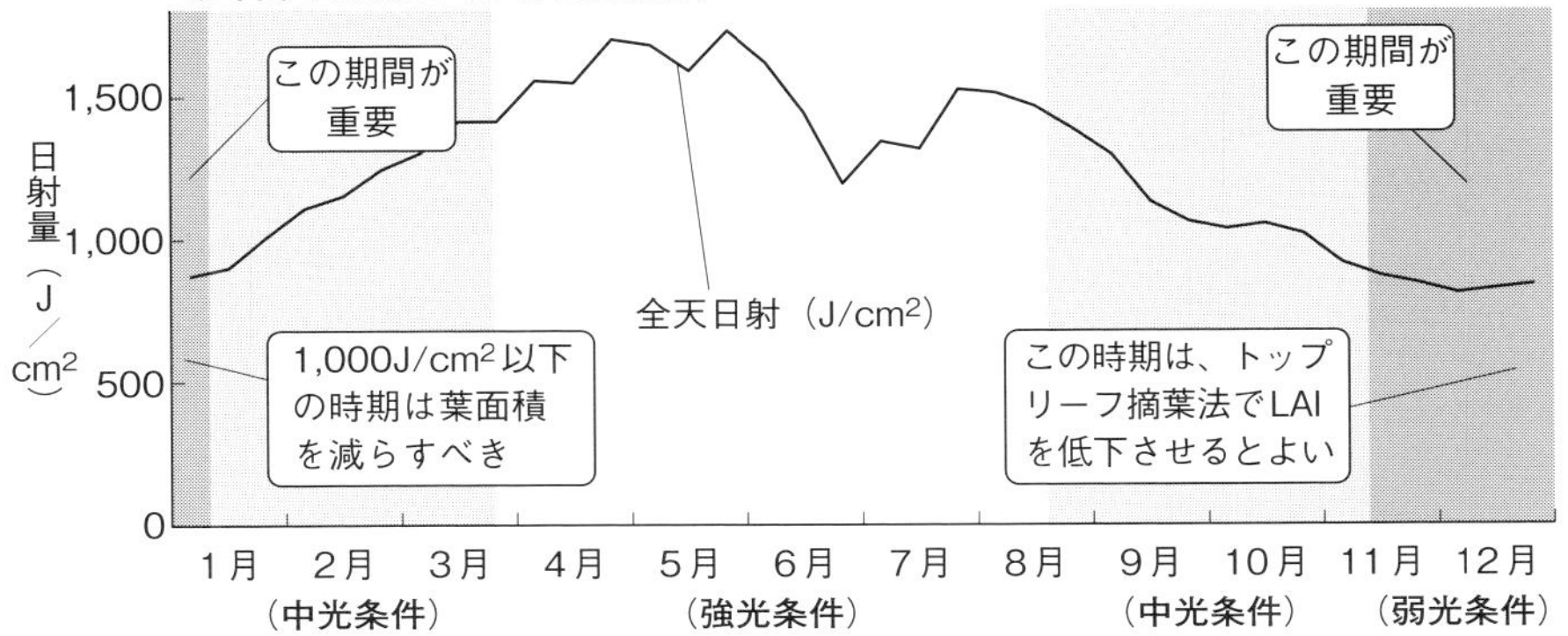

◎**管理の目安**（葉１枚を800cm^{2}で試算）

弱光条件（1,000J/cm^{2}以下）　LAI2～2.5程度≒25～31枚/m^2（2,100本/10aなら12～15枚/本）

中光条件（1,000～1,500J/cm^2）　LAI2.5～3.5≒31～44枚/m^2（2,100本/10aなら15～21枚/本）

強光条件（1,500J/cm^{2}以上）　LAI3.5～4.5≒44～56枚/m^2（茎数2,800本/10aに増やし16～20枚/本）

図2―17　葉面積指数（LAI）管理の目安

オランダのLAI指標をもとに、日本品種の葉面積特性、栃木県の気象条件を勘案し作成したLAI指標。たとえば弱光条件なら、LAIは2～2.5（m^2/m^2）程度がよく、それは葉1枚800cm^{2}で換算すると、およそ25～31枚/m^2（20,000～24,800枚/m^2）。25～31枚/m^{2}ということは10a（1,000m^2）に25,000～31,000枚。10a当たり2,100本なら1本当たり12～15枚になる

は、一二～一五枚が適正範囲となる。春先以降、日射が増えれば、一株当たりの葉数は一五枚以上に増やしていくことが適正であると考える。

十一月中旬からはトップリーフ摘葉法で

▼花房の反対側を摘葉する

弱光条件となる十一月中旬～一月上旬には、少ない葉面積（低いＬＡＩ）が適している。この期間にＬＡＩを低下させる有効な手法として、まだ展開しきっていない若い葉を摘葉する技術「トップリーフ摘葉法」（図２―18）がある。

この技術を取り入れると、ＬＡＩを約一〇％（ＬＡＩが三なら二・七に）低減することが可能で、葉の過繁茂・同化養分の競合が防げる。低日射の期間限定の技術となるが、上手に摘葉法

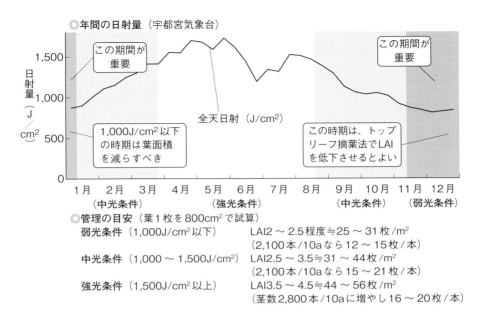

を活用すれば無理なく密植化することも可能で、多収化を図る手段として有効である。

　摘葉する葉位は花房の反対側が最も適しているとされる。その理由には、トマトの特殊な葉や果実の序列関係、仮軸分枝構造と関係しており、花房の反対側の葉と花房の養分的な関係性は非常に低いと考えられる。

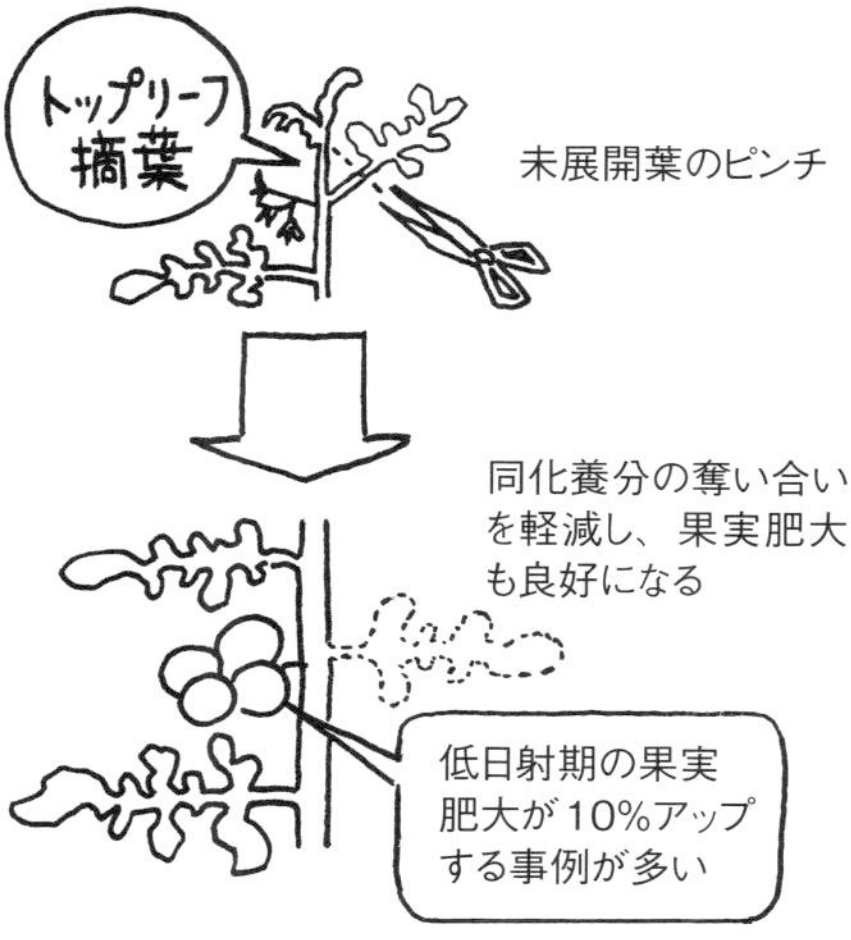
トップリーフ
摘葉
未展開葉のピンチ
同化養分の奪い合いを軽減し、果実肥大も良好になる
低日射期の果実肥大が10%アップする事例が多い

図2—18　低日射期のトップリーフ摘葉法
実施期間は11月中旬から1月上旬が適期

　図2—19を見ると、第九葉（ここでは第一花房の反対側の葉）の第一花房に対する寄与度が極端に低いことがわかる。葉を一枚だけ取り除くのであれば、花房の反対側の葉が最も果実肥大への影響が少ないことが理解できる。
　しかし、実際には、どの葉位の葉であってもムダな葉は一枚もない。花房の反対側の葉で生産した光合成同化養分はいずれかの器官（根・茎葉・次の花房など）の生長に有効に役立てられている。三花房以上を連続してトップリーフ摘葉を実施する場合であれば、花房の反対側の葉ばかりにこだわることはなく、果実に太陽光がよく当たるように花房と同じ向きの葉を切除してもよく、作業性を優先して切除しやすい部位で摘葉してもよいと考える。

▼タイミングは展開前

　写真2—5、写真2—6は、トップリーフ摘葉の作業の様子（タイミング）を撮ったものである。ハサミを使う場合は、ある程度大きくなってからでも可能であるし、ごく小さい葉のうちであれば手（爪）でつまみ取る方法でも可能である。病害を防ぐため、葉柄をつぶすようなつまみ方はダメである。

　実際の作業は、腋芽除去作業、または吊り下ろし作業と同時に行なうことになると考えられる。ハサミを持って腋芽除去するならトップリーフもハサミで摘葉し、ハサミを持たずに吊る下ろし作業などの作業中であればトップリーフは爪で摘葉すればよい。

　完全に展開した大きな葉を切除してもLAIの低減効果は得られるが、葉を大きくするために使われた光合成同

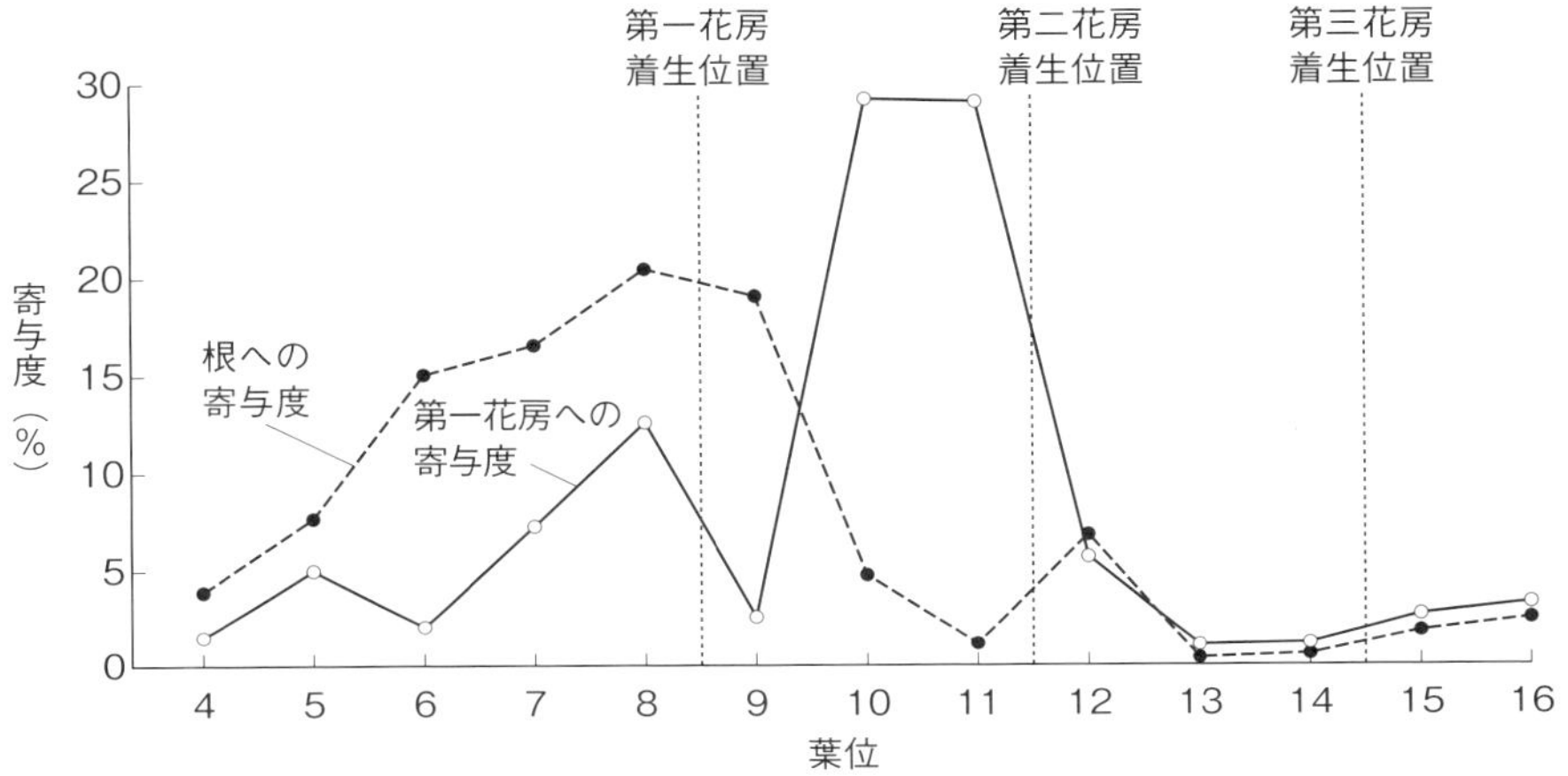

図2―19　各葉位の光合成産物の寄与度　（宍戸、2013を改変）

写真2―6　手で摘むトップリーフ摘葉

写真2―5　ハサミを利用したトップリーフ摘葉

化養分がムダになってしまうため、完全展開する前の若い葉をピンチすることがより効果的である。

トップリーフ摘葉法は、すでに多くの栽培現場で実施されており、日射量の少ない時期や密植栽培において生殖生長を良好に維持する手段として、さらには斜め誘引やUターン誘引、Nターン誘引で葉の過密を防ぐ有効な技術として定着してきている。

特に七・五本／坪以上の密植条件ではトップリーフ摘葉法の実施効果が高く、低日射期の果実肥大が、無処理よりも一～二割程度大きくなっている優良事例が見られている。

一月からは側枝を利用して増枝

日射が増えて葉数を増やしたい場合は、栽培途中に側枝を利用して主枝本

表2―3　栃木県における長期多段どり栽培の定植本数と増枝の目安

〈定植時の植え付け本数〉

ハウス間口	ベッド幅	株間	本数／10a	実質本数注)	本数／坪注)
9m間口（5.4m）	180cm	35cm	3,174本	2,850本	9.5本
		40cm	2,777本	2,500本	8.3本
		45cm	2,469本	2,200本	7.3本
		50cm	2,222本	2,000本	6.7本
ハウス間口	ベッド幅	株間	本数／10a	実質本数注)	本数／坪注)
8m間口（6m）	200cm	30cm	3,333本	3,000本	10.0本
		35cm	2,857本	2,600本	8.7本
		40cm	2,500本	2,250本	7.5本
		45cm	2,222本	2,000本	6.7本
		50cm	2,000本	1,800本	6.0本

〈側枝利用の増枝の目安〉

増枝（1月）	春の枝数／坪
なし	9.5本
5本に1本増	9.9本
3本に1本増	9.7本
3本に1本増	8.9本
枝増加	春の枝数／坪
なし	10.0本
なし	8.7本
4本に1本増	9.4本
3本に1本増	8.9本
3本に1本増	8.0本

注）実質本数と坪本数は通路分や暖房機スペースを差し引いてのおおむねの定植本数
■標準的な定植本数と増枝の目安

写真2―7　側枝を利用した増枝

数を増やす（写真2―7）。

この増枝は、単純に収穫花房数を増やして増収をねらうばかりでなく、他に、株と株の相互遮へいで葉面積を確保して適度な栄養生長を維持すること、葉の蒸散を増やして空中の過乾燥を防止することもねらっている。

この主枝本数の制御は、定植時の苗本数から綿密に計画を立てて行なう必要がある。栃木県の一般的なハイワイヤー誘引の長期多段どり作型では、定植時の本数は一〇a当たり二〇〇〇〜二五〇〇本（七〜八本／坪）でスタートさせる。年明け、日射量が増えていく一月中旬頃に、株三〜五本に一本、腋芽を利用して主枝数を増やす（表2―3）。

しかし増枝は誰もが行なうべき技術ではない。それぞれのハウスの光透過条件や、トマトの茎葉の生育程度に合わせて、実施するかしないかを判断する必要がある。茎葉が過繁茂・栄養生長過剰な状態で増枝すれば、逆効果となる。

8 生育診断と生育コントロール

肥大中の果実だけ見ていないか

果菜類の生育の制御は、茎葉の生長（栄養生長）と果実・花芽の生長（生殖生長）を並行して行なわなければならないため困難である。特に、長期多段どりのトマトでは、生育ステージに対応しつつ、刻々と変化する日射量や気温にも対応して管理することが求められる。

　トマトの生育を判断する手段はいろいろで、人それぞれ違った見方をすることがある。誰しもハウスに入ってまず目にするのは肥大中の果実であろうが、そこだけ見ていては正しい生育判断はできない。

　写真2―8は収穫開始期のハウスで、よく肥大したトマトがたわわに実っている。しかし、この先、日射量が減ることを考えると着果負担が大きすぎないか？　枝数が多すぎないか？

写真2―8　果実肥大がよいハウストマト
（栃木県小山市、2014年11月）

　この先の果実肥大を左右する生長点付近の葉や花の状況はどうか？　等々、生育診断のために見るべきところはたくさんある。

草勢の強弱と生育バランスは区別せよ

　一般に、日本の生産者がトマトの生育を判断する場合、トマトが「強い」「弱い」という言葉で表現することが多い。生産者は、その単純な言葉にいろいろな意味を含めて表現している。しかし実際は、このあいまいな表現だけでトマトの生育状況を伝えることは不可能である。

　トマトの生育の判断で重要なのが、草勢の「強い」「弱い」と、生育バランスの「栄養生長」「生殖生長」を区別して考えることである。

オランダをはじめ、世界標準では、草勢が強いことを“Strong”、弱いことを“Week”、生育バランスの栄養生長を“Vegetative”、生殖生長を“Generative”と表現し、草勢と生育バランスは別のこととして考えて判断している。この両者を分けて考えることで、初めて正しい生育判断が可能になる（図2―20）。

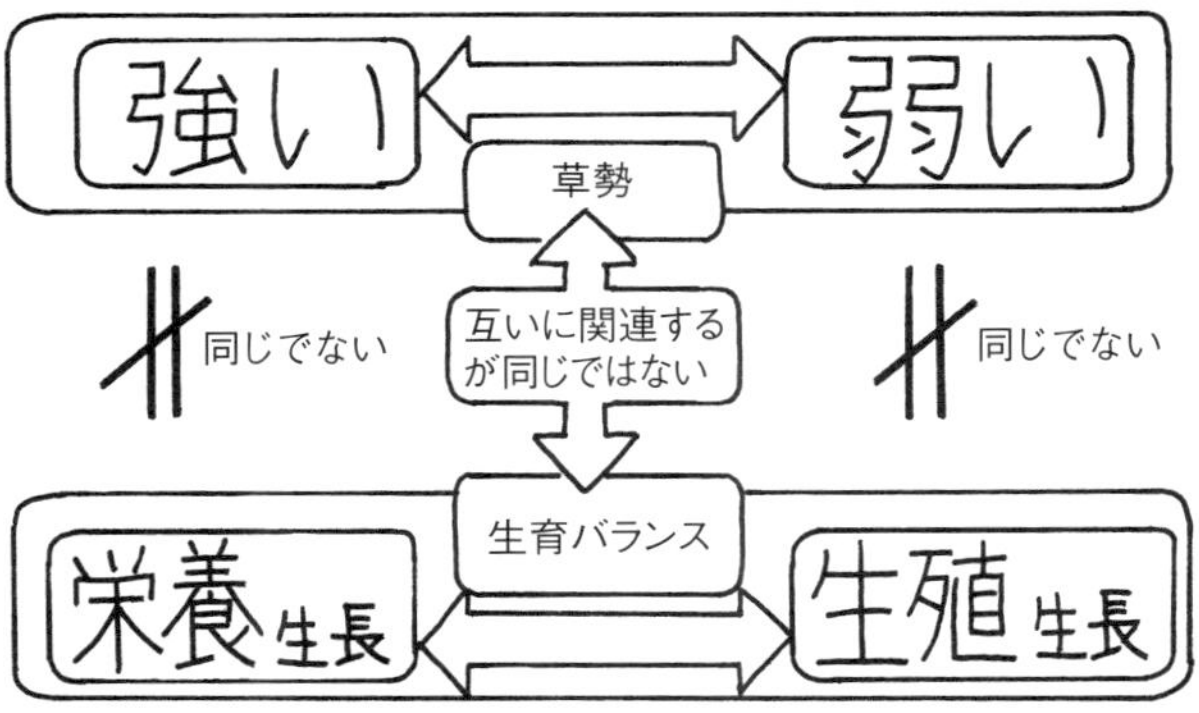

図2―20　トマトの生育の判断
まずは草勢と生育バランスを分けて考えること

すなわち、一般には「草勢が強ければ栄養生長、弱ければ生殖生長」と考えることが多いが、実際には「草勢が弱い栄養生長」や「草勢が強い生殖生長」もあるのである。

草勢の強弱は茎径でみる

トマトの草勢の主な判断ポイントを表2―4に示す。

トマトの生育において草勢が強すぎることは、一般に果実の肥大や果実品質が低下しやすいため、あまり好まれない。反対に草勢が弱すぎると、果実品質はよくなるが、長期的に栽培する場合は果実肥大や果実数に影響し、収量が伸びない。高収量、高品質を確保するには、適正な草勢を保つことが必要となる。

表2―4の項目のなかで、誰が見ても、草勢を単純に判断できる項目が茎径である。茎径は草勢を表わす単純な指標としてわかりやすく、たとえば過去の生育を振り返る場合も、茎径をたどっていけば、生育初期がどのような生育であったか想像できる（写真2―9）。

茎径を草勢診断の指標とすることは現在一般化しており、「生長点から一五cm下の茎径」を判断材料とするとよい。この指標は世界的にも利用されており、Peet and Wellsは著書『Tomatoes』のなかで、「生長点から一五cm下の茎の直径は一cmがよい」としている。またPortreeの『Reading the Plant』においても、「生長点から一五cm下の茎の直径を一・〇〜一・二

cmにすること」をすすめている。

しかし、茎径の最適値は、品種特性や栽培環境、栽培作型や土壌の水分、土質などでも異なってくる。

筆者がこれまで行なってきた品種比較試験の経験からすると、たとえば「麗容」（サカタのタネ）であれば、やや強めでも果実品質が安定し、収量性も高くなる傾向があるため、一五cm下の茎の直径が一・〇〜一・二cmを目安に管理していくとよい。いっぽう、「桃太郎はるか」（タキイ種苗）では、やや細い一・〇cm程度までの茎径であるほうが果実品質はよく、収量性も高いと感じている。

それぞれの栽培する品種の特性、栽培環境などに合わせて茎径を制御することが重要であるが、いずれにしても、生長点一五cm下の茎径をおおむね一・〇〜一・二cmを目安に大きく逸脱しないように制御することが、収量、品質の向上につながると考える。

写真2—9　草勢強弱の判断

適正な草勢は生長点から15cm下の茎径が1.0〜1.2cmである状態

表2—4　トマトの草勢の強弱の判断

判断ポイント	強い	弱い
茎径	太い	細い
芯のボリューム	ボリューム大 （ムクムク感）	ボリューム小
葉長・小葉サイズ	長い・大きい	短い・小さい
腋芽発生	多い （葉・花梗からも）	少ない・発生遅い
葉色	濃い	淡い
茎アントシアン	多い	少ない

茎径は平均温度で制御

草勢を制御する手法を表2―5に示

表2—5　草勢強弱（茎の太細）の制御方法

	草勢を弱める	草勢を強める
◎平均温度	高く（平均18℃以上、特に夜温を高く）	低く（平均16℃以下、特に夜温を低く）
摘葉	葉の数を少なく（花房を隠している葉を切除、下葉は早めに切除）	葉を多くする（摘葉は控える、株17枚以上）
培地水分	少なく	多く
施肥	チッソ少なく、 カリ・ホウ素多く	チッソ多く、カリ少なく
湿度	低湿度	高湿度
CO_2濃度	400ppm以下に	500ppm以上に

す。草勢の影響が特に強いのが上から三つ、平均温度、摘葉、培地水分である。なかでも平均温度は、草勢（茎径）に明確に影響を与える。その理由は以下の三つ。

・温度は光合成には影響が少ない。
・温度は呼吸消耗へは影響が大きい（温度が高いほど糖エネルギーが消費される）。
・温度は生育・葉の展開速度には影響が大きい。

これらから、温度が高いと生育が早まり、その部位当たりのエネルギー量が不足して貧弱となる。反対に温度が低いと各器官の細胞は多く充実し、肥大能力の大きい部位となる。したがって、生育を弱めたいときは平均温度を高くし、生育を強めたいときは平均温度を低くすればよい（図2—21）。

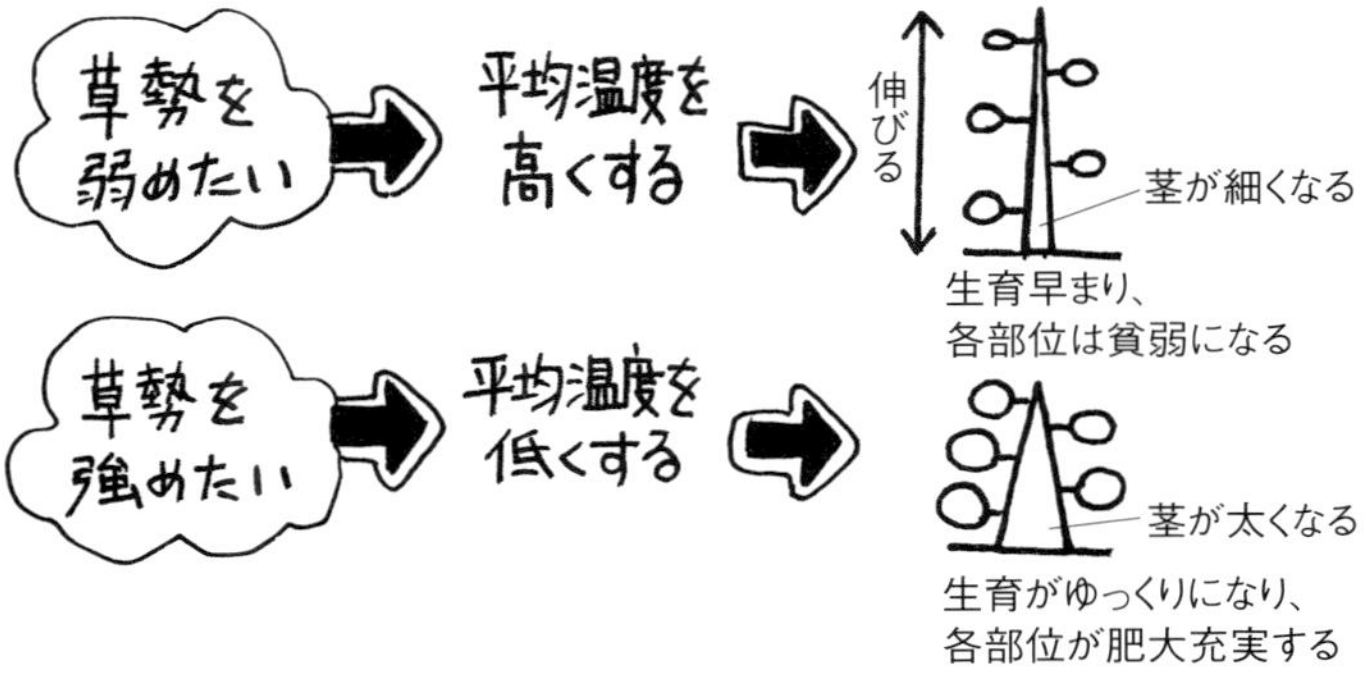

図2—21　平均温度による草勢（茎径）の制御

肥料による制御は影響が長期化

生産者と話をすると、草勢の強弱を制御するために取る手段として、まず肥料の増減を考える人が多い。茎が細ければ追肥（燐硝安加里など速効性のもの）を行ない、茎が太くなりすぎれば肥料が多すぎたと反省し、肥料を控えていく。確かに肥料の制御は、草勢に影響を与えるが、その効果はダイレクトには現われない。

たとえばチッソ肥料を減らせば、いずれ葉色は淡くなり、しばらくすれば生育は弱まる。しかし、チッソを減らして草勢を弱めたのでは、それにともなって花芽の充実が極端に低下し、影響は必要以上に長期にわたってしまう。反対に増肥で草勢を強めようとする場合も、影響は長期化する。

したがって肥料は、必要量を安定的に供給することが重要であり、草勢の制御のために増減しないほうがよい。草勢のコントロールは、肥料以外の他の要素（温度・葉面積・水分など）で行なうべきである。

生育バランスは開花の位置でみる

栄養生長とは、植物体（主に茎葉）が大きくなる生長である。いっぽう、生殖生長とは、果実、花、花粉など、次世代のための生長である。

果菜類で販売するのは果実であり、茎葉を大きく育てても換金できない。トマトの茎葉を過剰に生育させても仕方がない。しかし果実の肥大ばかりが過剰になっても、いずれ茎葉の生育は弱って、終わってみれば減収してしまう。生殖生長も、しっかりした茎葉があって初めて生長できるのであり、多収を目指す場合は栄養生長と生殖生長のバランスを常に良好に保ちながら栽培する必要がある。

表2―6には、生育バランスを判断するポイントを整理した。このうち花の色や花梗の形状などは日常的によく観察すべき点であるが、これらは観察する人の感覚にもより、判断しにくい部分でもある。

これに対し、最も数値的に比較しやすいのは、一番上に記した開花の位置（生長点から何cm下で開花しているか）である。開花の位置は生育的に反応が早く現われやすいため、現状の評価をするのに最適な判断材料である（写真2―10）。

栄養生長と生殖生長の標準的なバラ

表2―6　生育バランス（栄養生長・生殖生長）の判断

判断ポイント	生殖生長 Generative	栄養生長 Vegetative
◎開花の位置	生長点と近い（高い）	生長点と遠い（低い）
花の色	濃い黄色	淡い
花梗の長さ	短い	長い
花梗の太さ・節	太く・節が大きい	細い・節が小さい
花梗の弯曲	曲がっている	真っ直ぐ、上向き
着果	早い・肥大揃う	遅い・肥大バラつく
葉の状況	コンパクト	大きい、カール

写真2―10　生育バランス（栄養生長と生殖生長）の判断

生長点から開花位置までが10～15cmが適正な生育バランス。10cm以内では生殖生長に傾きすぎ（右）、15cm以上になれば栄養生長に偏りすぎ（左）ていると判断するンスの目安は、開花の位置が生長点から一〇〜一五cmである。

生育バランスは温度の日較差で制御

表2―7には、生殖生長と栄養生長をコントロールする手法を記した。このうちいくつかは環境制御の項目で解説しているため、温度の管理モデルを参照してほしい（26、28、33ページ）。

▼温度の日較差

温度の日較差は、生育バランスを制御するうえで最も有効な項目である。昼夜の温度差を大きくすると、トマトのストレスが大きくなり、生殖器官である花や果実の生長のほうに傾く。その結果、茎の伸長は抑えられ、生長点と開花位置の距離が短くなる。反対に昼夜の温度差を小さくするとストレスが小さくなり、栄養器官である茎葉の生長のほうに傾いて、生長点と開花位置の距離は長くなる（図2―22）。

長期多段どり栽培では、十一月までの生育初期に生殖生長へ誘導することが重要である。生育初期に過剰な栄養生長が心配な状況になった場合は、昼の温度を二八℃程度まで上昇させ、夜間は低温で管理し、十分な温度の日較差を確保すると生殖生長に矯正することができる。

温度の日較差では、昼と夜の温度をどちらかいっぽうだけ変化させても有効である。昼と夜のどちらを変化させるのか、そのときの状況により選択して実施する（57ページ参照）。

▼夕方の強換気

28ページでクイックドロップとして解説済みであるが、夕方の強換気は、生殖生長の促進、果実肥大の促進と徒長防止に効果的な管理方法である。反対に、過剰な生殖生長や、葉面積が不足してしまった場合は、夕方の換気を止めて、やや蒸して暖かい環境をつくることで、栄養生長を確保できる。

▼空中湿度

湿度は葉の展開、葉面積の多少に影響が強い。大きな葉をつくりたければ湿度を高める管理、葉を小さくしたければ乾燥させた環境をつくる。しかし、昼間に過剰に乾燥させれば光合成能力が低下するため、湿度では七〇％程度、飽差で八g／m^3程度は確保したい。

▼葉数・葉面積

植物体管理の項目では最も効果的な制御手段である。特に、花房に光が当たるような部分の摘葉（剪葉）をすると、生殖生長への誘導効果が高い（109ページを参照）。

またトップリーフ摘葉法で、未展開の葉の摘葉技術も有効である（45ページ参照）。

表2—7　生育バランス（開花位置）の制御方法

行動 Action	生殖生長へ Generative Actions	栄養生長へ Vegetative Actions
◎温度の日較差 （24時間平均温度）	大きく （平均16℃以下）	小さく （平均20℃以上）
◎夕方の温度降下	急激に降下	ゆっくりと降下
空中湿度	低湿度	高湿度
◎葉数・葉面積	積極的に摘葉実施（花房に光が当たるよう）	葉を多く残す
摘果	着果は多く（摘果はしない）	着果は少なく（摘果する）
CO_2濃度	500ppmより高く	300～400ppm
土壌（培地）の水分量	乾きぎみ	湿りぎみ
土壌（培地）の乾湿の差	夜間を特に水分少なく	夜間を湿りぎみ
花梗の支持（器具取り付け）	早く（折れる前）	遅く（折れてから）

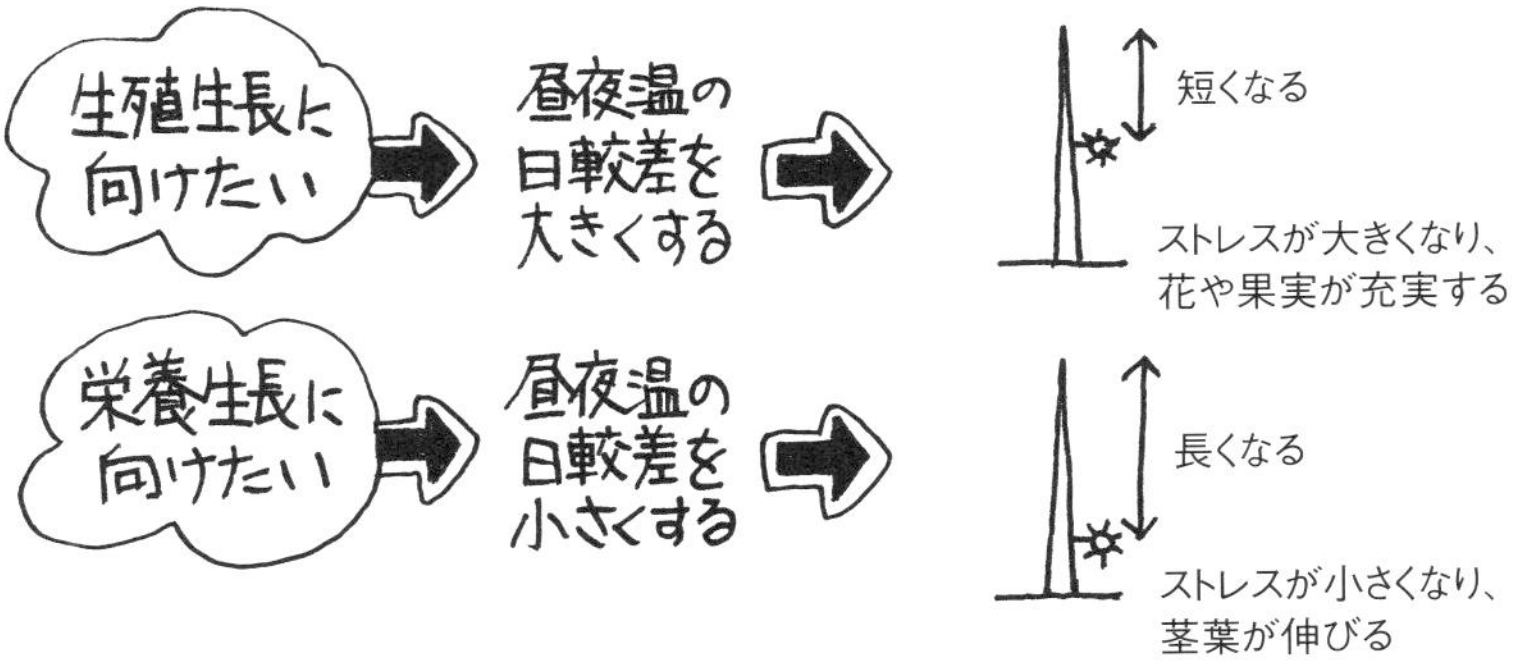

図2—22　昼夜温の日較差による生育バランス（栄養生長と生殖生長）の制御

さらに、栽植密度は、生育バランスに影響が大きく、あらかじめ疎植で栽培すれば生殖生長へ、密植で栽培すれば栄養生長に誘導される。

▼摘果・CO_2・水分他

摘果、CO_2、水分の調整は、それぞれ生育を制御する効果はある。しかし適正範囲に保つことが優先である。

▼花梗折れの防止

秋期に高夜温で低日照のときには、栄養生長に傾きやすく、花梗が長く伸びることが多い。長い花梗は、果実の果重に耐えきれず、いずれ折れ曲がる。すると果実肥大が劣り（シンク能も減少）、栄養生長が加速しやすい。早めに花梗折れの防止器具（写真2—11）を取り付けると、良好な果実肥大、生殖生長を保つことができる。

写真2—11　花梗の支持具

花梗が伸びすぎた場合は必ず早めに装着する

生育タイプ別にみた総合的な生育制御

これまで述べたように、草勢の強弱は主に平均温度で制御でき、生育バランスは主に温度の日較差で制御できる。

図2—23には、草勢の強弱、生育バランスの生殖生長・栄養生長を四タイプに分けて、その制御方法を示した。

たとえば、右上のBタイプのように、草勢が強すぎ、生殖生長すぎる場合には、昼温は変化させず、夜温を上げるとよい。そうすれば、温度の日較差が少なくなり、栄養生長へ傾き、並行して平均温度が上昇するため草勢が弱まる方向へ、同時に誘導できる。

A～Dそれぞれの生育タイプに対応し、昼と夜の温度変化を分けて管理すれば、草勢と生育バランスを同時に矯正することができる。

実例にみるタイプ別の生育制御

実際、筆者が普及指導時に遭遇した生産者圃場について、タイプ別にその対処法のアドバイスを紹介する（写真2—12～写真2—15）。

Aタイプ：草勢が強い（茎が太い）＋栄養生長（開花位置が低い）

十二月の事例である。低日射期に、昼の温度不足と光合成量が不足していることが原因の一つである。花房を隠している葉を中心に摘葉を積極的に行なう。それに加え、曇雨天日の昼間に積極的に加温する（できれば一八℃以上。ヒートポンプが導入されているのであれば特に温度確保）。夕方には十分な換気をする。夜温は低めに管理して温度の日較差を大きくすることで生殖生長が確保される。

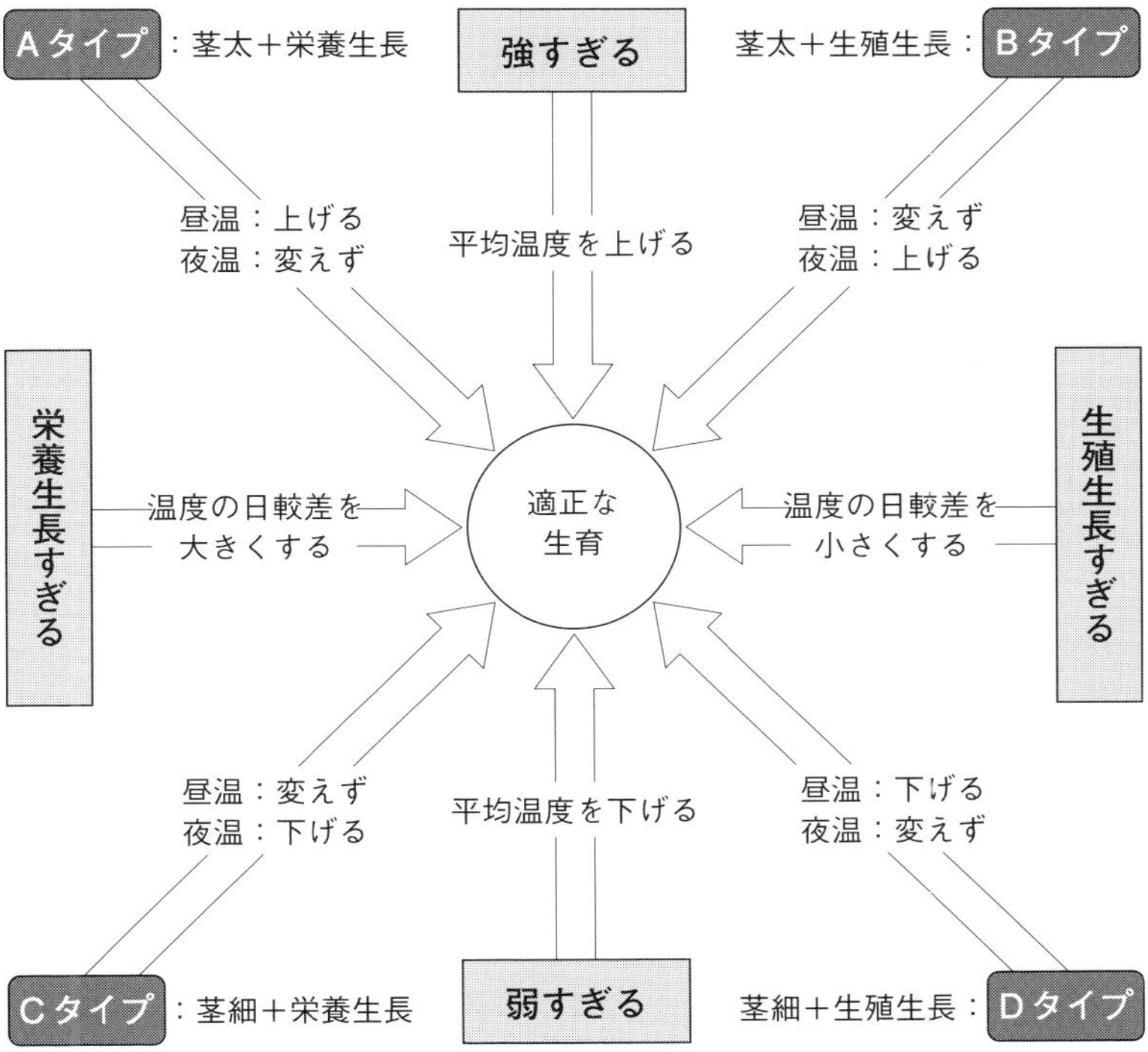

図2―23　生育タイプ別の温度による生育コントロール

矢印は制御方法を表わす。制御の幅は、夜温は9～13℃、昼温は20～28℃の範囲内とする（参考・全農グリーンレポートNo.554）

Bタイプ：草勢が強い（茎が太い）＋生殖生長（開花位置が高い）

草勢は過剰であるが、花房が充実しており、心配はない。多収となる状況である。夜温を上げて生育速度を上げる。この強い草勢と生殖生長を維持できるような管理を継続する。

Cタイプ：草勢が弱い（茎が細い）＋栄養生長（開花位置が低い）

草勢が弱く栄養生長の事例は珍しいケースである。古くからの生育判断では、草勢が弱いと生殖生長であると判断されていたケースである。根本的に極端な日照不足や、または根域の障害、肥料不足などが要因となり得るが、この事例では日照不足と高夜温が主原因であった。絶対的な体力が不足しているため、夜温だけでなく昼温も下げて、平均温度を下げることで草勢を強める。

写真2―12　Aタイプ
草勢が強い（茎が太い）＋栄養生長（開花位置が低い）

[症状]　茎径（生長点から15cm下）が15mmで太い／開花位置が生長点から20cmと低い／花色が淡く貧弱
[対策例]　まず昼温を上げる／中段の葉を中心に部分摘葉して果実に光を当てる／かん水を控える／ CO_2 と追肥は積極施用／曇雨天日の昼間に積極的に加温する

写真2―13　Bタイプ
草勢が強い（茎が太い）＋生殖生長（開花位置が高い）

[症状]　茎径（生長点から15cm下）が15mmで太い／開花位置が生長点から12cmとやや高い／花が濃い黄色
[対策例]　写真の状況は特に心配はない。やるとすれば夜温を上げて、生育速度を上げていく。かん水＋追肥を行なって草勢を維持する。着果数は多くてもよい

写真2―14　Cタイプ
草勢が弱い（茎が細い）＋栄養生長（開花位置が低い）

[症状]　茎径（生長点から15cm下）が7mmで細い／開花位置が生長点から22cmと低い／花色が淡く貧弱
[対策例]　まず夜温を下げる（非常に弱いので昼温も下げる）／摘果を実施／ CO_2 施用を積極的に実施する（光合成を増やし、呼吸消耗を控える）／かん水は控える／次作では、フィルム張替、株間を広げる検討をする

写真2―15　Dタイプ
草勢が弱い（茎が細い）＋生殖生長（開花位置が高い）

[症状]　茎径（生長点から15cm下）が7mmで細い／開花位置が生長点から5cmと高い／花が濃い黄色
[対策例]　まず昼温を下げて、温度の日較差を狭める／摘果を積極的に実施する／かん水量を増やす／ミスト噴霧、通路散水などで空中湿度を保つ／遮光カーテンで葉面積を確保する

Dタイプ：草勢が弱い（茎が細い）＋生殖生長（開花位置が高い）

日射が強まった四月の状況である。今後の草勢確保、葉面積確保が課題となる。全体に平均温度を下げて草勢を回復させることが必要となる。昼間の湿度確保と、遮光カーテン利用も検討するとよい。場合により遮光ペンキ資材の利用を検討する。

温度変更のやり方とトマトの反応

図2―24は、温度で生育をコントロールする場合のポイントを記載した。

昼温を変更する場合、まずはピークとなる温度（換気設定温度）を変更し、三～五日やってみてそれでも効果が得られなければ、遭遇時間を長くして調節していく。このとき、冬期に日射が弱ければ、昼間の温度は不足しがちである。冬期は昼間の暖房も積極的に利用することで生育制御が容易になる。

夜温の調整についても、まずは前夜半帯（日没～二十二時頃）の暖房機の設定温度で調節し、三～五日やってみてそれでも効果が少なければ、後夜半帯まで温度を変更して調節する。

図2―25には、時間帯別に過度な温度管理がもたらすトマトの反応について示した。自分の圃場の生育状態を見て、自分の温度管理のどこに課題、欠点があるのか、思い当たる時間帯を探りあてる材料としてほしい。

生育調査をし記録をつけよう

トマトの生育コントロールを

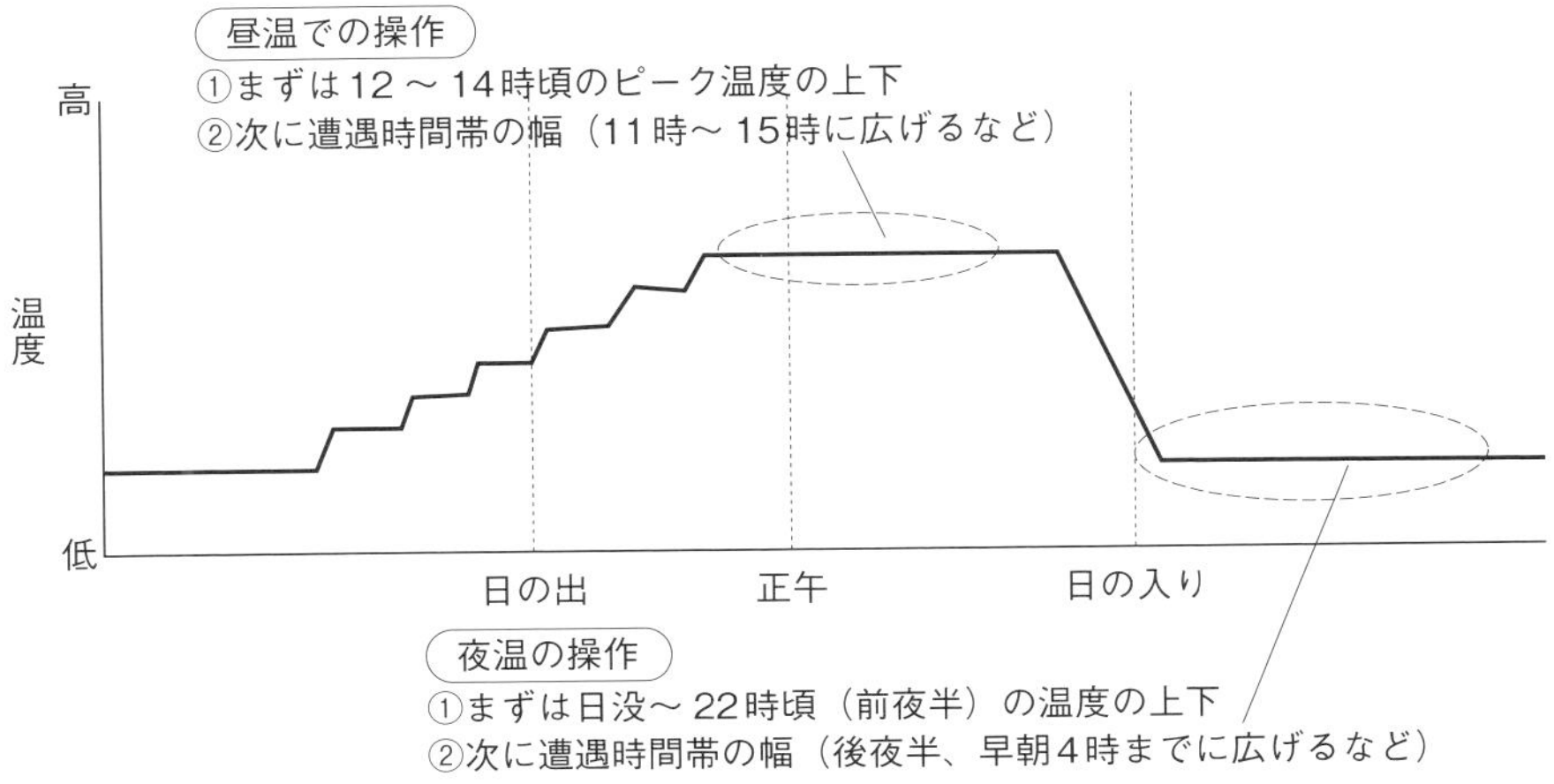

図2―24　温度で生育コントロールするときの変更ポイント

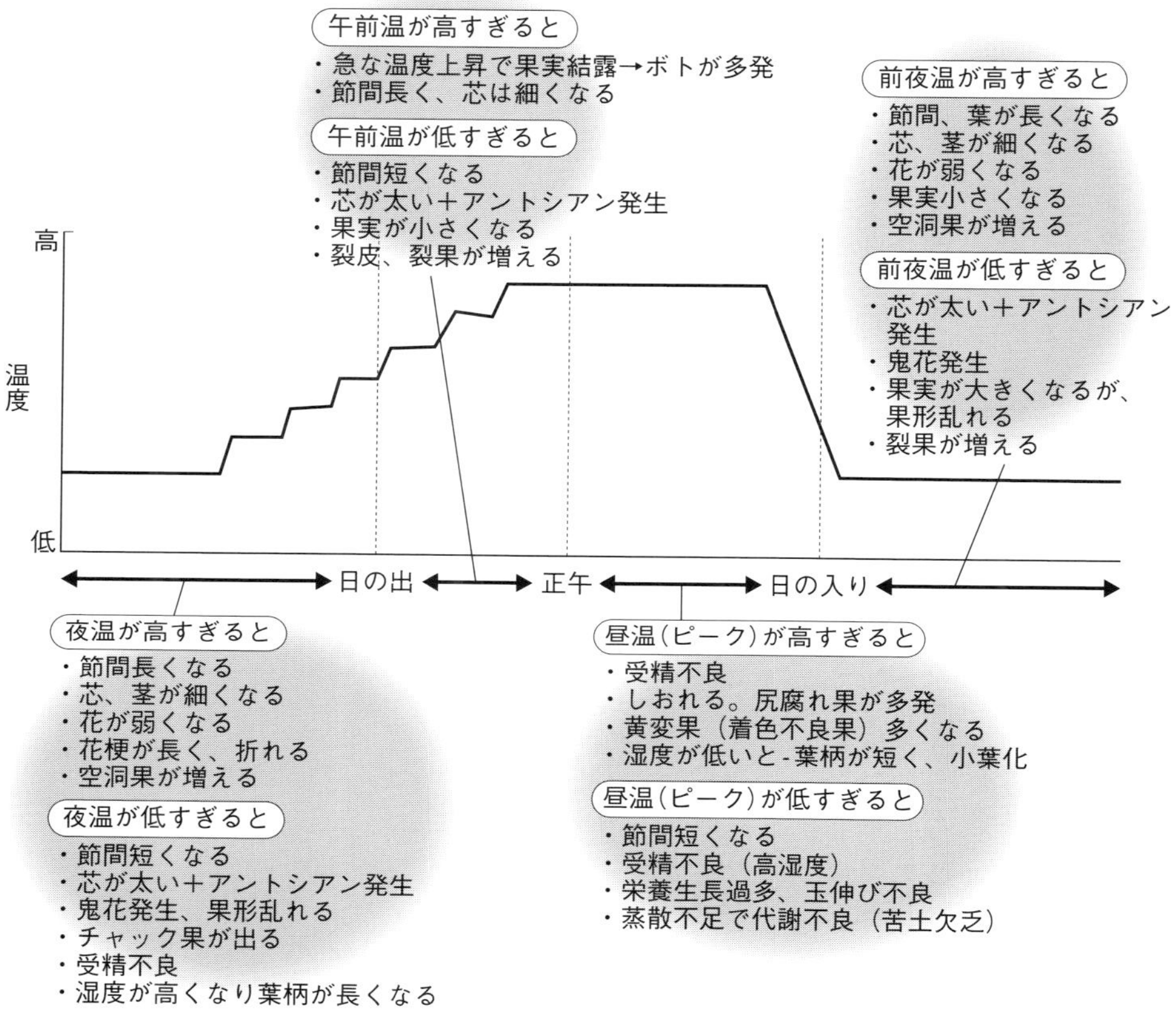

図2—25　過度な温度管理に対するトマトの反応

考える際に重要なことは、現在の生育診断だけでなく、これまでトマトがどのように生育してきたのか、どのように栽培管理してきたのか、その経過を正確に把握することである。そこで重要なのが、生育調査と栽培管理の記録である。

表2—8は筆者が栃木県内のあるトマト産地の生産者用に作成した生育の記録様式である。

調査項目は、必要により追加するとよい。たとえば、出荷組合（選果施設など）から提供される出荷数量、果実等級、玉数、平均一果重量なども入れ込むとよい。さらには総着果数や、一週間に咲いた花数なども有用な生育診断項目となり得る。

生育の調査は、基本的に週に一回、おおむね同時刻に、簡単なノギスで調査する。ノギスは高精度のものは動作が重く、茎を傷つけやすい。〇・五mm

単位の記録で十分であるため、一〇〇円ショップのプラスティック製のものがちょうどよい。

併せて環境制御の設定値や、環境測定のデータを記録するとよい。なお、環境データの記録機器が備わっていれば、記録は不要になる。

調査したトマトの生育データは、手書きの表を見るだけでも有効だが、パソコンがある程度扱えるならば、グラフに表示することで視覚的に生育経過をたどることができる。

図2―26は、ある生育調査事例をグラフ化したものである。

この栽培事例では、反省点として、定植圃場の準備段階から土壌水分が多すぎ、このことが生育前半、草勢過多となってグラフにも現われている。さらに、十一月中旬には草勢過剰と栄養生長過多であったため、改善策として意識的に昼の設定温度を上げている。しばらくすると、生育バランスが矯正されていることが見てとれる。

このように、生育調査と記録は、個々の圃場における栽培管理の方向性が明らかになり、非常に有効である。

表2―8　トマト産地の生産者向けに作成した生育記録シート

	調査日（毎週　曜）	9/22	9/30
生育調査	開花花房段（段）	2	3
	収穫花房段（段）	—	—
	開花位置の高さ（cm）（生長点〜開花位置cm）　目標10〜15	14	14
	花の色　5段階評価（濃い＋2：－2淡い）	1	1.5
	茎径（mm）（生長点15cm下の短径）　目標9〜10	15	16
	葉枚数／株（開花下の着葉数）	12	10
	生長点伸長（cm）／週間		
	腋芽糖度（Brix%）（開花花房下の腋芽絞り汁）		
	葉色（SPAD値）（開花花房下の葉）		
環境調査	24時間平均温度（℃）	19.7	21.9
	最高温度（実温）（℃）	26.6	28.8
	最低温度（実温）（℃）	14.5	14.7
環境設定	換気設定昼ピーク（℃）	23	23
	暖房設定（℃）	10	10
	細霧ミスト　飽差設定値g/m^3	9	—
	CO_2施用濃度、時間など		
根域管理	追肥（週間内で追肥量）N：P：K：Mg（kg/10a）	0	0
	かん水量晴天日（株当たりmℓ／日、または時間）	0	0
（備考）着果状況、玉質など ホルモン処理 マルハナバチ状況			

注）　　は必須調査項目

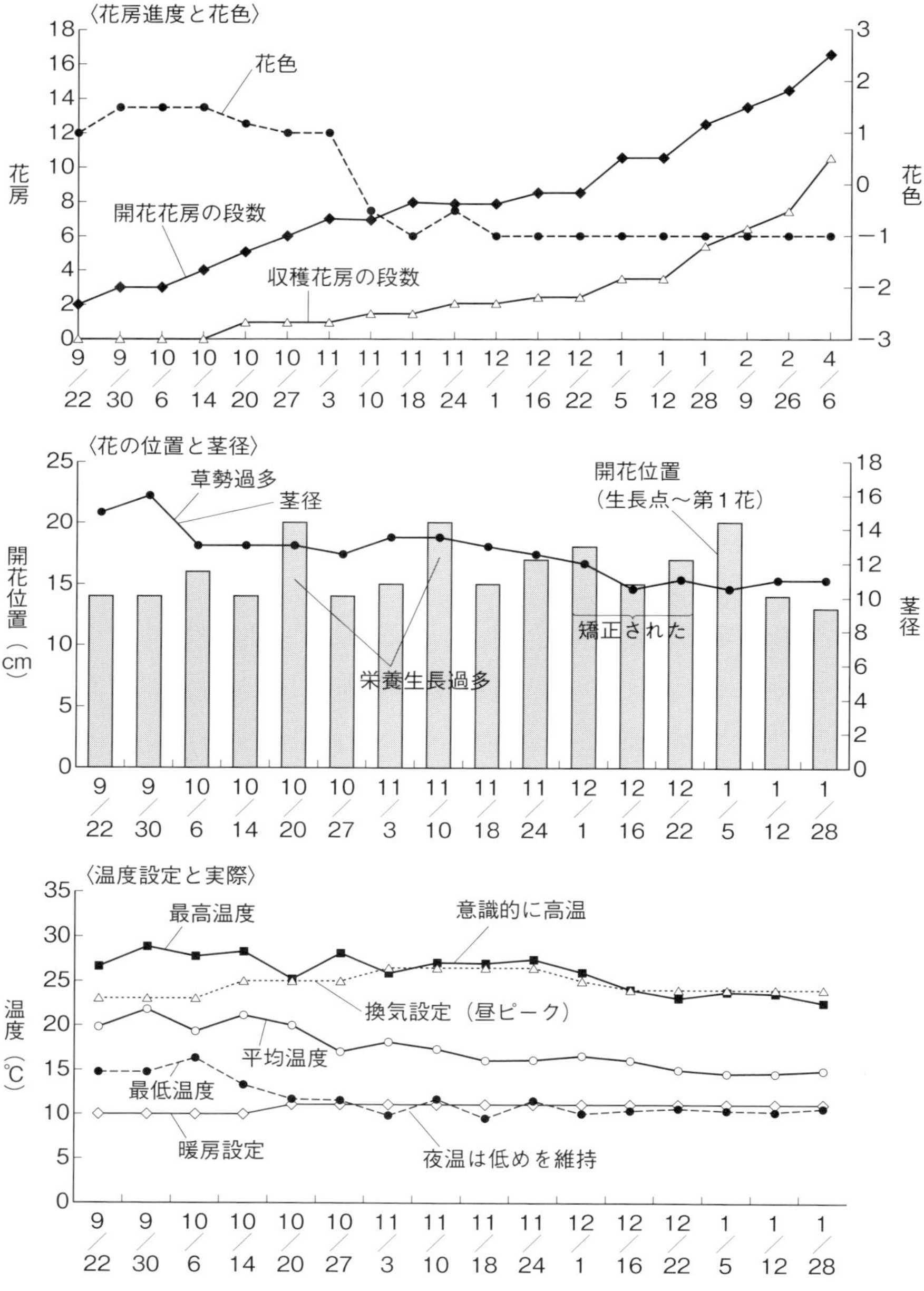

図2—26　生育調査事例のグラフ化

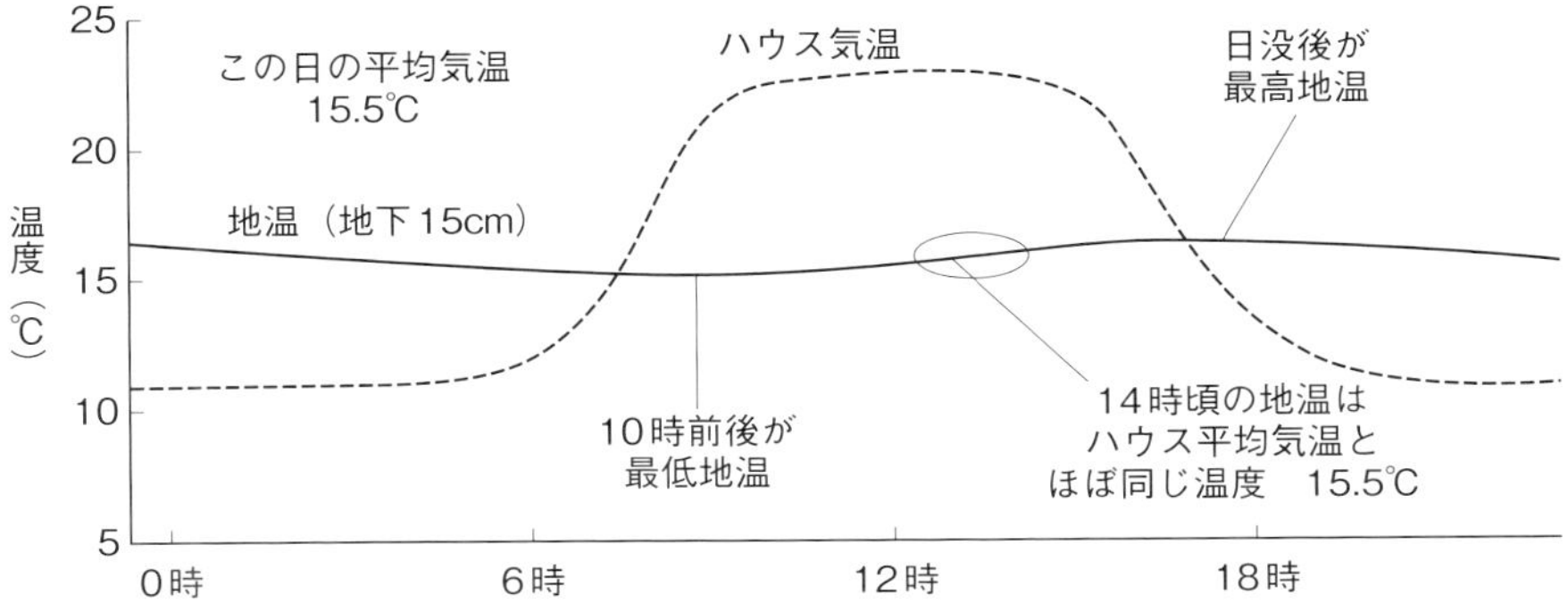

図2―27　ハウス気温と地温の関係（冬期の晴天日）

平均温度は地温でもわかる

前述のように、茎径の太さには平均温度が大きく関連している。しかし平均温度は、パソコンなどを利用した環境測定、記録機器がないと正確な計測は困難である。ぜひ、環境測定機器を導入するとよい。

しかし当面、環境測定機器がない場合には、地温をみることでおおむね平均気温は把握できる。

図2―27には、冬期のハウス気温と地温の推移を示す（地温の測定方法は、直射日光が当たりにくい場所のトマトの株間、地下一五cmとする）。

地下一五cmの地温が最低温度になるのは、日の出後三～四時間の一〇時前後である。また地温が最高温度に達するのは、日没後である。熱伝導にはこれだけ時間がかかっている。また、十四時の地温は、おおむねその日の平均地温になる。冬期は地温と気温の平均温度はほぼ同じになることから、十四時の地温がハウスの日平均温度をおおむね示していることになる。

連棟ハウス内で、場所により茎の太さにバラツキがある場合、疑うべき点は、養水分の差のほか、平均温度の地点差である。まず各場所の地下一五cmの地温を測ってみるとよい。茎の細い場所ほど地温が高く、平均気温が高すぎることが非常に多い。暖房温度のバラツキ、熱気の溜まり、循環扇の死角をチェック改善することで生育のバラツキを改善することができる。

このようなトマトの生育記録のほかに、作業を行なって感じたこと、失敗した反省点を日記形式で記録しておけば、毎年同じ轍を踏むことなく、確実に栽培は上手になるはずである。

9 腋芽のBrix値による生育診断

光合成が高まったかどうかがわかる

近年、環境制御技術が盛んに取り入れられ、「プロファインダー」をはじめとする総合環境測定機器によって、ねらい通りに光合成の促進に適した栽培の環境になっているかなどを生産者自らが確認できるまでになってきた。

しかし、栽培環境がねらい通りになったとしても、実際にトマトの植物体内で光合成がしっかり行なわれているか、植物の呼吸消耗を抑えられているのかを現場レベルで計測することは不可能である。

光合成や植物の呼吸消耗に関係が深いのは、植物体内の糖成分である。光合成によって植物体内にたくわえられるのも、呼吸によって消耗していくのも糖分（炭水化物）だからである。この糖分を測定する単純な方法に、糖の光屈折率の特性や近赤外線の吸収特性を利用したBrix値測定がある。Brix値は、糖を直接定量できるものではない。しかし、アスパラガスなどの現場では、伏せ込みのタイミングや生産力を推定する手段として、地下部のBrix値を測定している事例もある。

写真2―16は、筆者が試行的に取り組んできた、腋芽のBrix値測定の方法である。測定する部位は、開花花房の直下の腋芽である。開花花房の下の腋芽は生育が早く、またいずれ切除するムダな部位であるため、分析サンプルとして都合がよい。

腋芽の長さは五〜一二cmがよい。小さいとBrix値が高く、大きすぎるとBrix値が低くなる傾向がある。

また、採取のタイミングは、晴天日の十〜十五時が安定する。曇雨天日や葉露が付いている状態（早朝、後夜半）ではBrix値が低くなりやすく、また同一ハウス内でも株ごとの誤差が大きくなるので測定は避けたほうがよい。

三〜五%から大きく逸脱しない

図2―28は、栃木県南部のトマト生産圃場四〇カ所で行なった腋芽のBrix値の測定結果である。すべて大玉トマトの圃場であるが、作型や誘引方

写真2—16　腋芽のBrix値測定の方法

左：サンプルは開花花房の直下の腋芽、中：道具（糖度計とペンチ）と腋芽サンプル（腋芽は長さ5～12cmがよい）、右：ペンチで搾った液を直接測定

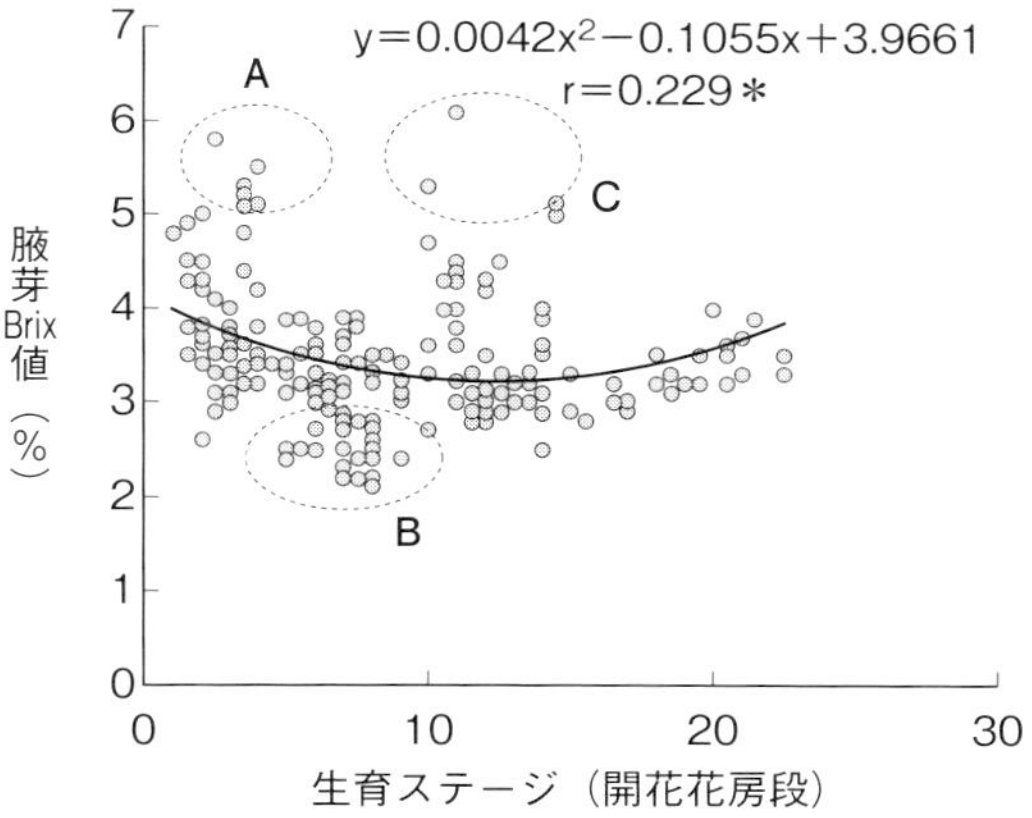

図2—28　トマトの生育ステージと腋芽Brix値

（吉田、投稿中）

栄養状態が安定しているときとそうでないときの差がはっきりした

法、品種はさまざまの条件である。腋芽サンプル計二〇〇点を測定したBrix値と、採取時のトマト株の生育ステージ（開花花房）の関係を示した。

全体の傾向として、近似曲線のように生育前期は高く、中期はやや低下、後期にはやや上昇する傾向があった。

しかし、この近似曲線から大きく離れる特徴的な三つのポイント（A・B・C）が見られた。

ポイントAは、第三～四花房が開花している生育ステージで見られた高いBrix値帯である。この高いBrixを示したトマトは、茎が太く、草勢が強すぎる、異常主茎（異常茎）に近い生育状態のケースであった。第三～四花房開花期のトマトはまだ着果負担が少ないため、草勢過剰（樹ボケ）になることがよくある。その生育バランスの崩れがBrix値に現われると考えられた。

ポイントBは、第五～八花房が開花している生育ステージの低いBrix値帯である。この低いBrix値を示したトマトは、果実肥大はよいが茎が細く、草勢が弱すぎて花のサイズが小さくなるケースである。第五〜八花房開花のトマトは着果負担が非常に大きくなる時期であるため、その負担がＢｒｉｘ値に現われると考えられた。

　ポイントＣは、第一〇花房の開花期以降でみられたＢｒｉｘ値が極端に高い事例で、それぞれ土壌病害、褐色根腐病、ネコブセンチュウなどの発生でしおれる事例であった。根の障害によるしおれにより水分供給が不足し、相対的に糖の割合が高まったと推測できた。

　長期栽培で多収を目指すためには、植物体内の栄養状態の安定化が重要である。腋芽Ｂｒｉｘ値では三〜五％から大きく逸脱しないことが大切と思われた。

腋芽Ｂｒｉｘ値とCO_2施用

　腋芽Ｂｒｉｘ値とCO_2施用の関係を調べるため、栽培面積約三〇ａの二つの長期多段どり作型のトマトハウスにおいて、いっぽうは昼間の四〇〇ppm濃度（ゼロ濃度差施用法）のCO_2施用あり、いっぽうは自然供給のみでCO_2施用なしの栽培条件で、腋芽Ｂｒｉｘ値を測定した。

　CO_2の有無によりＢｒｉｘ値の差が認められない時期もあったが、着果負担の高まる十一月、第七花房開花期には、CO_2施用区の腋芽のＢｒｉｘ値が高い傾向が認められた。

　一般に、トマト栽培の越冬作型では、CO_2施用の有無による収量差が大きく現われるのは、十一月下旬に咲いた花が収穫となる三月上旬以降である。着果負担の時期に腋芽Ｂｒｉｘが高ければ花が充実していて、春先以降の果実肥大につながると考える。腋芽のＢｒｉｘ値の測定は、CO_2施用効果の確認や、花芽の充実程度を判断する参考になると思われる。

　腋芽のＢｒｉｘ値の測定では、トマトの光合成量の推定までは到底期待できない。しかし、これまでの取り組みで、腋芽Ｂｒｉｘ値が三〜五％であれば、トマトの生育や着果率が安定することがわかった。このＢｒｉｘ値測定技術は誰でも簡単にできるため、自らが調査を重ねてデータを蓄積すれば、生産現場の問題解決のヒントになると思われる。

　腋芽Ｂｒｉｘ値の測定による診断技術が生産現場レベルで確立されることを期待したい。

10 施肥管理

被覆タイプの緩効性肥料がよい

トマト栽培は、野菜類のなかでも比較的長期にわたって栽培する品目であるため、肥料成分は必要量を長期間、安定的に供給するのが望ましい。

緩効性肥料は、長期間の栽培に適した肥料といえる。その種類は難溶性タイプ（IB化成、CDU化成など）と、肥効を調節しやすい被覆タイプ（コーティング肥料）の二種類に大別できる。なかでもトマトの元肥では、より長期に安定した溶出が期待できる被覆タイプ肥料を利用するとよい。

被覆タイプ肥料のコート膜は、近年、さまざまな樹脂タイプが開発されてきており、また溶出の仕方も、リニア型とシグモイド型の二パターンが存在する。リニア型（LP型）は、時間の経過とともに直線的に成分が出るタイプで、いっぽう、シグモイド型（LPS型）は、一定のタイムラグがあった後に急速に溶け出すタイプである（図2―29）。

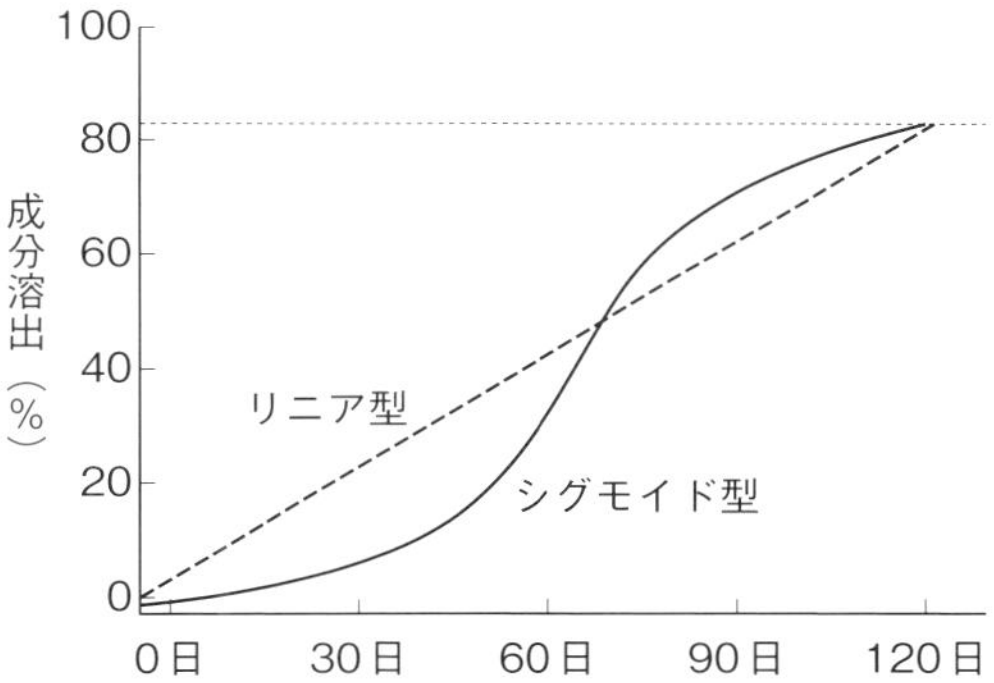

図2―29　コーティング肥料の溶出イメージ

溶出の速度は、日数表示（地温二五℃の条件で肥料成分の八割が溶出する日数）で表記されている。具体的には、「LP100肥料」であれば地温二五℃の状態で一〇〇日で八割が直線的に溶出するタイプ。「LPS180」は、地温二五℃で一八〇日で八割の成分がS字曲線型で溶出するタイプとなる。

元肥と追肥は三対七が基本

各肥料メーカーではトマトの生育に合わせて、コーティング肥料の割合や溶出速度などを綿密に計算してトマト専用肥料も開発・販売している。生産現場でも、こうしたトマト専用肥料などを活用して安定的な肥料供給に努めている。それぞれの栽培作型、生育速度をしっかりと計算して、コーティング肥料をブレンドすれば、机上では元肥のみで栽培することも可能である。しかし現実的には、長期にわたる長期多段どり栽培に限っては、その年々の生育変動があるため、元肥のみでの栽培はすすめられない。元肥＋追肥での施肥体系が基本となる。

元肥にコーティング肥料を使用する目的は、トマトの根が伸長した栽培中期以降に、全層から根域全体で安定的に肥料を吸収し、後半まで草勢を維持するためである。全層からの長期間の肥料溶出は、株元からの追肥のみでは補いきれない力強い馬力が得られると考える。

元肥と追肥の割合は、八〜一〇段花房収穫程度の短期栽培では、元肥：追肥＝五：五程度でよいが、長期栽培になるほど追肥での供給割合を高めていく必要がある。二〇段程度の長期多段どり栽培では、元肥：追肥＝三：七程度の割合にするとよい。

元肥の施用量の目安

トマトは多肥栽培をすると、草勢が強くなり、過剰な栄養生長、樹ボケとなることもある。特に、生育初期、着果負担がない状態での多肥条件は、異常主茎、芯止まり、着果不良などの生理障害も招くため、気を付けなければならない。

土耕栽培の場合では、栽培前に投入する堆肥や米ヌカなどの有機物が地力チッソとなり、化学肥料以外からの成分供給割合が比較的多い。一般に葉菜類などの短期作物では地力チッソはあまり考慮しないで施肥管理を行なう。しかし、トマトでは長期で栽培するため投入した有機物由来の地力チッソへの依存は比較的高く、それらを考慮して元肥の施肥量は減らす必要がある。

生育初期（定植から第三花房開花まで）のチッソ肥料はやや控えめの供給を意識することが必要で、元肥に使用する施肥の種類では初期の溶出が少ないシグモイドタイプのコーティング肥料を多く配合した肥料を使用するとよい（表2―9）。

ただし、初期のトマトの生育を元肥量のみで抑制しようとすることには無理がある。生産現場では毎年、チッソ成分を二〜三kg増減したりして試行錯誤する生産者の様子をよく見聞きするが、実際の生育には大差は出ないと考える。元肥の成分量の加減でなく、それ以外の生育制御要素（土壌水分・温度管理・摘葉管理など）を合わせて行なうことが重要である。

追肥の施用量の目安

トマト栽培において、施肥の考え方は、基本的にトマトの要求量を供給することとし、不足させないことが重要である。追肥の施用にあたってはトマトの生育速度や果実生産量に合わせて計画的に施用すべきである。

肥料の適正施肥量については、いくつかの研究機関から、果実生産量に応じた肥料の使用率の試験成果が示されている。石原（二〇〇八）によれば、果実は一t生産当たり、チッソ成分二・二～二・四kgを吸収したとしており、同様に武井（一九九七）の報告でも、果実は一t生産当たりチッソ成分二・五kg（各試験条件値の平均）を吸収したとしており、おおむね一致している。

図２―30には、実際の栽培条件での成熟日数を示した。栃木県農業試験場の試験圃場において、二〇〇六年と二〇〇七年の長期多段どり栽培、八圃場での

表2―9　作型別の元肥施用モデル

作型	収穫（花房）	チッソ―リン酸―カリ（成分kg/10a）
長期	20段	18―28―24
促成	13段	12―25―16
夏秋	9段	12―25―16
抑制	8段	10―22―14

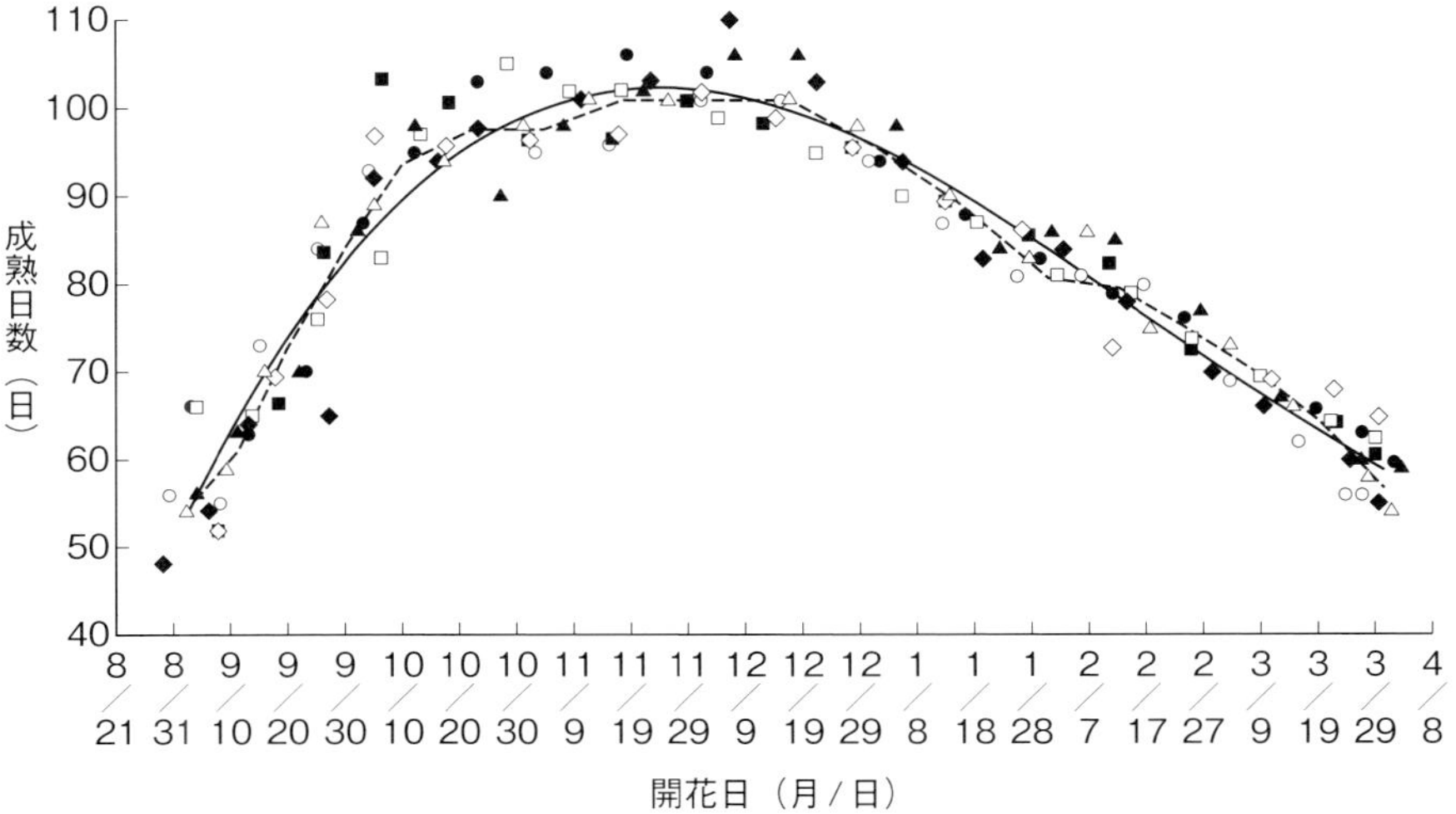

図2―30　開花から収穫に至る日数　（吉田、2008）

長期多段どりトマトの成熟日数は時期により2倍程度の差がある。
品種：麗容　サンプル：2006・2007年産　8つの試験圃場　温度はおおむね昼23℃、夜10℃管理

開花から収穫に至った日数を示している。品種は「麗容」（サカタのタネ）で、栽培の温度管理は昼間二三℃、夜間を一〇℃程度で管理している。八月や三月以降に開花した花はわずか五〇日程度で収穫に至る時期があるいっぽう、十一～十二月に開花するものは一〇〇日程度の日数を要する時期もある。時期により二倍程度の差がある。

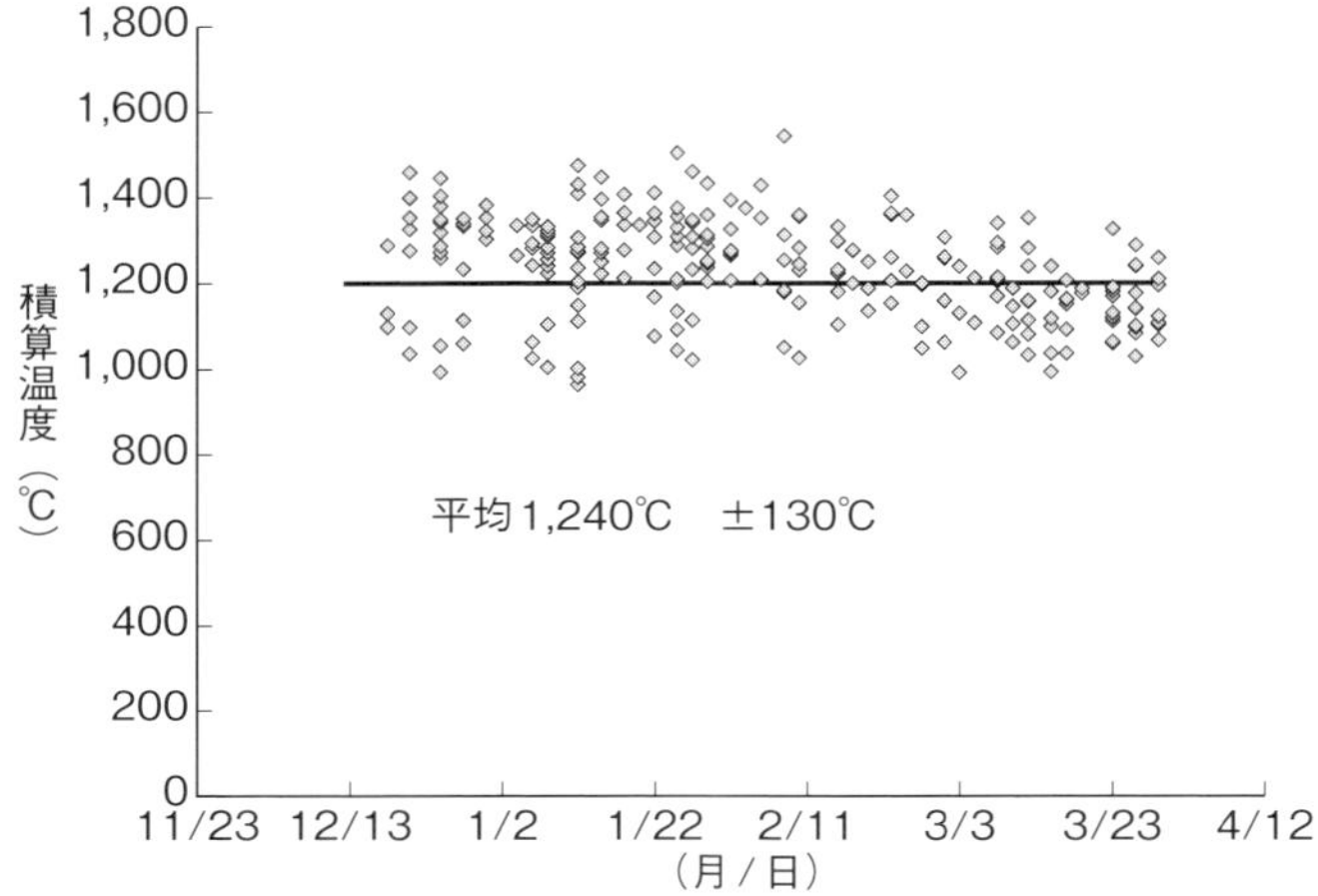

図2―31　開花から収穫に至る積算温度　（吉田、2010）

　トマトの生育速度は温度に依存していることは、温度管理の項目で述べた。図2―31には、筆者が試験栽培したトマトの開花～収穫までの積算温度を一つのグラフで示したものである。品種は「麗容」。誤差が一三〇℃程度あるものの、時期や栽培環境が異なっても、積算温度が一二四〇℃程度で収穫になることがわかる。また同様に、花房の開花のテンポについて調査するとおおむね二一〇℃の積算温度で、次の花房が開花することがわかっている。

　表2―10は、栃木県農業試験場のトマト試験ハウス（昼間温度二三℃、夜間温度一〇℃設定程度）においてのハウス平均温度を基準に試算した生育速度表である。次の花房が開花するまでの積算温度を二一〇℃として試算すると、八月には七日間隔で開花するいっぽう、十二月には二週間以上の開花間隔が必要になるなど、生育速度の差が大きいことがわかる。

　表2―11は、長期多段どり作型と促成作型で、収量別に試算した施肥モデルである。果実一t収穫当たりチッソ成分を越冬作型では二・二kgの供給、促成作型では二・五kgの供給を基準とした。この例は、堆肥の投入など地力チッソを考慮してあるが、土質や、地下水位などによっても肥効が異なるため、植物状態を確認しながら追肥を行なう。重要なのは、不足させないようトマトの生長量、生育速度に合わせて供給することである。

表2—10　長期多段どり栽培における生育速度の試算

	ハウス平均気温[注1)]	月内の日積算温度	月内の開花花房数[注2)]	次開花に必要な日数[注2)]
8/15～	28.4	425	2.0	7.5
9月	22.4	673	3.2	9.4
10月	18.5	554	2.6	11.4
11月	15.7	470	2.2	13.4
12月	14.8	443	2.1	14.2
1月	15.5	464	2.2	13.6
2月	15.3	460	2.2	13.7
3月	16.3	488	2.3	12.9
4月	17.7	532	2.5	11.8
5月	21.0	631	3.0	10.0
全期間計	18.6		24.4	

注1）栃木農試2007～2008年の長期どりハウスの平均から
注2）花房当たり積算温度を210℃とした算出値

表2—11　収量・作型別のチッソ成分の施肥モデル

時期＼タイプ	長期30tどり	長期25tどり	長期20tどり	促成15tどり	促成12tどり
元肥	元肥18kg			元肥12kg	
堆肥	堆肥2tと米ヌカ由来のチッソ5kgと試算				
9月	3.3	2.4	1.6		
10月	5.7	4.3	2.8		
11月	4.9	3.6	2.4	3.0	1.9
12月	4.6	3.4	2.2	2.9	1.8
1月	4.8	3.6	2.4	3.0	1.9
2月	4.8	3.6	2.3	3.0	1.9
3月	5.1	3.8	2.5	3.2	2.0
4月	5.5	4.1	2.7	3.4	2.2
5月	4.4	3.2	2.1	2.0	1.3
追肥計	43.0	32.0	21.0	20.5	13.0
成分計	66.0	55.0	44.0	37.5	30.0

注）長期多段どり作型では、果実1t収穫当たりチッソ成分2.2kgの供給を基準とし、第４花房の開花以降に追肥を開始。5月上旬の摘芯以降は、追肥を節減する体系で試算した。促成作型では果実1t収穫当たりチッソ2.5kgを基準とし、その他は越冬作型と同様に試算した

追肥での肥料成分の考え方

▼チッソを草勢制御に使うな

チッソは肥料のなかでは、植物の生育量、草勢に最も影響が大きい。しかしチッソが生育に与える効果（影響）は一定でなく、生育初期の弱光条件では、チッソの多用で栄養生長過多（ボケ）になりやすいが、第三花房開花以降で光条件がよい条件では、チッソが多いほど生殖生長に向き、花が濃い黄色となり充実しやすい。

またチッソが欠乏すれば、収穫花房付近の葉齢が進んだ古い葉や、日射が当たりにくい葉の黄化が早まり、株全体の光合成低下により、生育が弱まってしまう。基本的に生育中盤以降、チッソは絶対に切らさず安定的に供給することが求められる。

基本的に生育のコントロールの手段としてチッソの加減をすることはすすめない。特にチッソを減らして草勢を弱らせる手法は、その影響が大きすぎる。生育コントロールには、チッソの加減でなくて、それ以外の水分管理・温度管理・摘葉・摘果などを優先してコントロールするとよい。

▼リン酸を多用する必要はない

リン酸は根の発育や花芽の充実に関与する重要な要素である。特に生育初期は根の伸長の良否が生育全体に影響するため、リン酸は元肥として十分に施用する必要がある。また、リン酸は光合成や同化養分の転流にも関与する重要な要素である。しかし、エネルギー代謝に用いられるリン酸の必要量はそれほど多くないため、追肥でリン酸を多用する必要はない。

▼カリはチッソの二倍与えたい

トマトの栽培期間中にカリ成分の七〇%は果実へ供給される。トマトにおいて果実肥大に欠かせないのがカリの安定供給である。栃木改良処方により長期栽培を行なった実験結果において、肥料成分の吸収量はチッソ一に対してカリが二・一倍だった。また、短期栽培の実験においても、チッソ一に対してカリが一・八倍吸収されている。また、Adamsによれば、カリの要求量はトマトの生育ステージにより異なり、第一花房開花期頃はチッソ一に対してカリ一・二倍が適正であるが、果実肥大期はカリの要求量が徐々に増加し、収穫中にはチッソ一に対してカリを二・五倍吸収する。

生育初期にはカリの要求量は多くないが、果実が肥大する第三～四花房開花頃からはチッソ一に対してカリを一・五倍程度供給し、第五花房の開花～収穫中はチッソの二倍以上に供給比率を高めることが重要である。

11 誘引方法

写真2—17　オランダのトマトハウス

ウエストランド市。高所作業車を暖房用の温湯管（レールパイプ）上に走らせて誘引作業を行なう

トマトの栽培では、主茎の誘引方法が作業性、収量性、果実品質に大きく影響する。またトマトを長期にわたって栽培するには、長さ六〜一〇mまでにも長く伸びる主茎をうまく誘引する必要がある。

ここでは長期多段どりを行なうための基本的な誘引方法であるハイワイヤー誘引に加え、低い軒のハウスでも長期間栽培を行なうための新しい誘引方法について解説する。

ハイワイヤー誘引

▼受光体勢が優れる

オランダ型の長期栽培では、軒の高いハウスを活用し、三m以上の高い位置から主茎を吊り下げるハイワイヤー栽培が一般的である。

ハイワイヤー誘引の利点はさまざまあるが、特にトマトの葉の受光体勢が

写真2―18　ゴムタイヤ式の高所作業車

写真2―19　土耕ハイワイヤー誘引による長期多段どり栽培（栃木県小山市）

優れ、光合成の促進に有利であること、また生長点が常に垂直方向に伸び、長期間にわたって同じ体勢を維持できるため安定した生育バランスを保ちやすいこと、さらに収穫や下葉かき作業が労働者の目線の高さから腰高ででき、作業が軽労化できることがあげられる。

　また、主茎を曲げないため、葉かき、収穫、吊り下ろしなどの各作業を単純化しやすく、多くの雇用労働を活用しての大規模経営に適している。

▼高所作業車用の通路は広めに

　オランダの栽培の特徴は、ハウス内の床面にめぐらせた温湯パイプを循環させる方式であり、この温湯パイプを高所作業車の走行用のレールとして併用していることにある。このパイプで温湯をハウス内に循環させて暖房としている（写真2―17）。このレール方式の高所作業システムは、非常に安定した走行性が得られ、高所作業を安心して高速でできるメリットがある。

　いっぽう、日本ではオランダと同じ温湯暖房方式は少なく、ほとんどが温風式の暖房であり、温湯レールは存在しない。オランダのようなレール走行式の高所作業車は利用できないため、日本でのトマトの高所作業用に開発されてきたのが、ゴムタイヤ式の高所作業車である（写真2―18）。

　ゴムタイヤ式の高所作業車は、栃木

県ではすでに（二〇一六（平成二十八）年現在）三〇〇台以上が普及し、主に土耕栽培のハウスにおいて、ハイワイヤー誘引の高所作業に使われている。

土耕栽培においても、こうしたゴムタイヤ式の高所作業車を利用してハイワイヤー誘引で栽培すれば、トマトの受光体勢の好適化、光合成量が増加し、増収が期待できる。実際に栃木県内で単収三〇tを超える多収事例は、ほとんどが写真2―19のような土耕栽培のハイワイヤー誘引で栽培している。

ゴムタイヤ式の高所作業車にはハンドルが付いており、ある程度自由に舵取りができるが、その半面、走行中にブレがあるため、やや広めの通路幅が必要になる。

図2―32には、標準的な土耕ハイワイヤー誘引での植え付け間隔を示した。

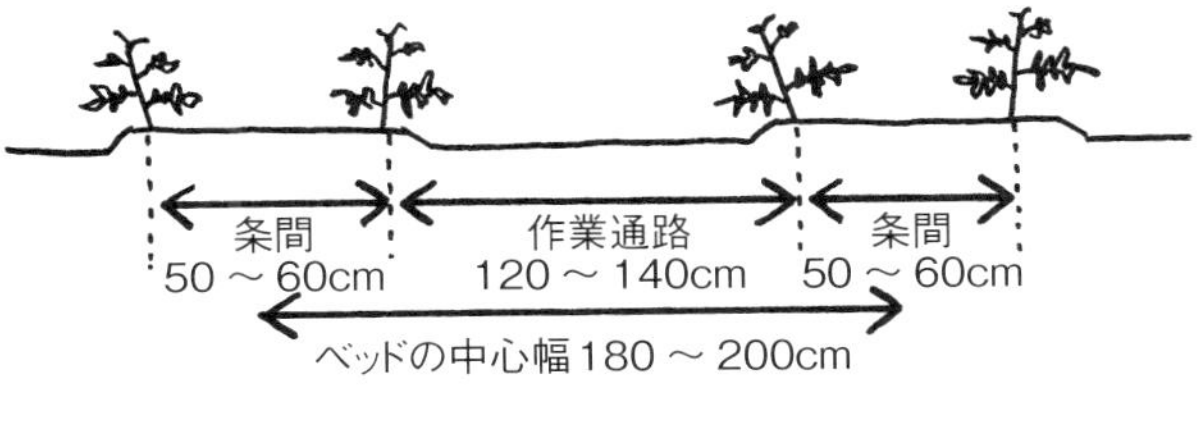

図2―32　土耕ハイワイヤー誘引の植え付け間隔

ベッド間が一八〇〜二〇〇cm、条間が六〇cm程度とし、作業用の通路として実質一二〇cm以上を確保する。この程度で作付けすることで、収量性と作業性が両立できる。

▼高軒高ハウスは必須

なお、ハイワイヤー誘引は多収を目指すには確かに適した誘引方法といえるが、ハイワイヤー誘引を行なうには、誘引の高さで二・八m以上（できれば三・三m）、柱高では四・〇m程度の軒の高いハウスが必須である。こうした最新式の軒高ハウスの建設コストは決して安くはない。いっぽう、各主要産地にはまだまだ利用できる（耐用年数のある）軒の低いハウスが数多く存在する。

そこで、既存の軒の低いハウスを活用して、長期多段どり栽培が無理なくできる新しい誘引方法を以下に紹介する。

Nターン誘引

▼既存のハウスでも高収量

Nターン誘引は、主茎を誘引線の高さで折り返すUターン誘引の派生技術で、一度下を向いた生長点を再び吊り

写真2―20　Nターン誘引事例（栃木県小山市）
左：生育後半の第12～16花房の果実、右：収穫終了した反対側の主枝は葉をかき取る

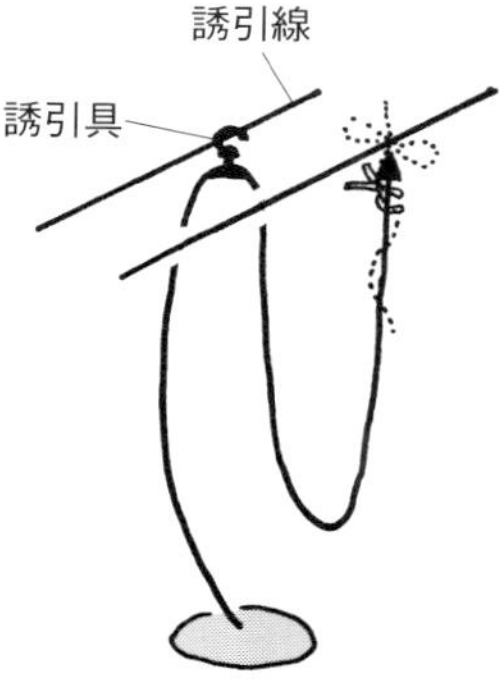

図2―33　Nターン誘引

上げて長期に栽培する誘引法である。最終的に茎の姿を側面から見てローマ字のN型に誘引をしていくためNターン誘引と名付けた（図2―33）。

栃木県農業試験場で二〇〇六年から研究され、試験成果で一〇a当たり二四t程度の収量が見込めることを明らかにした。

栃木県小山市の先進農家では、Nターン誘引に改良を加えながら、一八段程度で単収二三～二五tを生産する優良事例がいくつかあり、生産現場に普及定着している（写真2―20）。

▼やや疎植に

Nターン誘引は、茎を折り返す誘引特性から、どうしても時期により葉が重なり合い、果実が埋もれる時期がある。このため、栽植方法は、条間一三五～一五〇cm、株間三五～四〇cm（坪六～六・五本前後）で、やや疎植を意識する。

使用する誘引線は、ひとウネに対して幅三〇cm程度で二本が必要で、高さは一六〇～二〇〇cmと手の届く範囲とする（図2―34）。

Nターン誘引の作業工程を図2―35に示す。生育前半は誘引線から垂らしたひもで直立に誘引し、誘引線の高さを二〇～三〇cm超えてから、ターン専用の誘引具で一度固定する（①）。誘引具の代わりに誘引線二本（一〇～一五cm幅）の上を通すことでもUターンが可能である。その後、さらに三〇～四〇cm伸びてから、隣の誘引線に垂ら

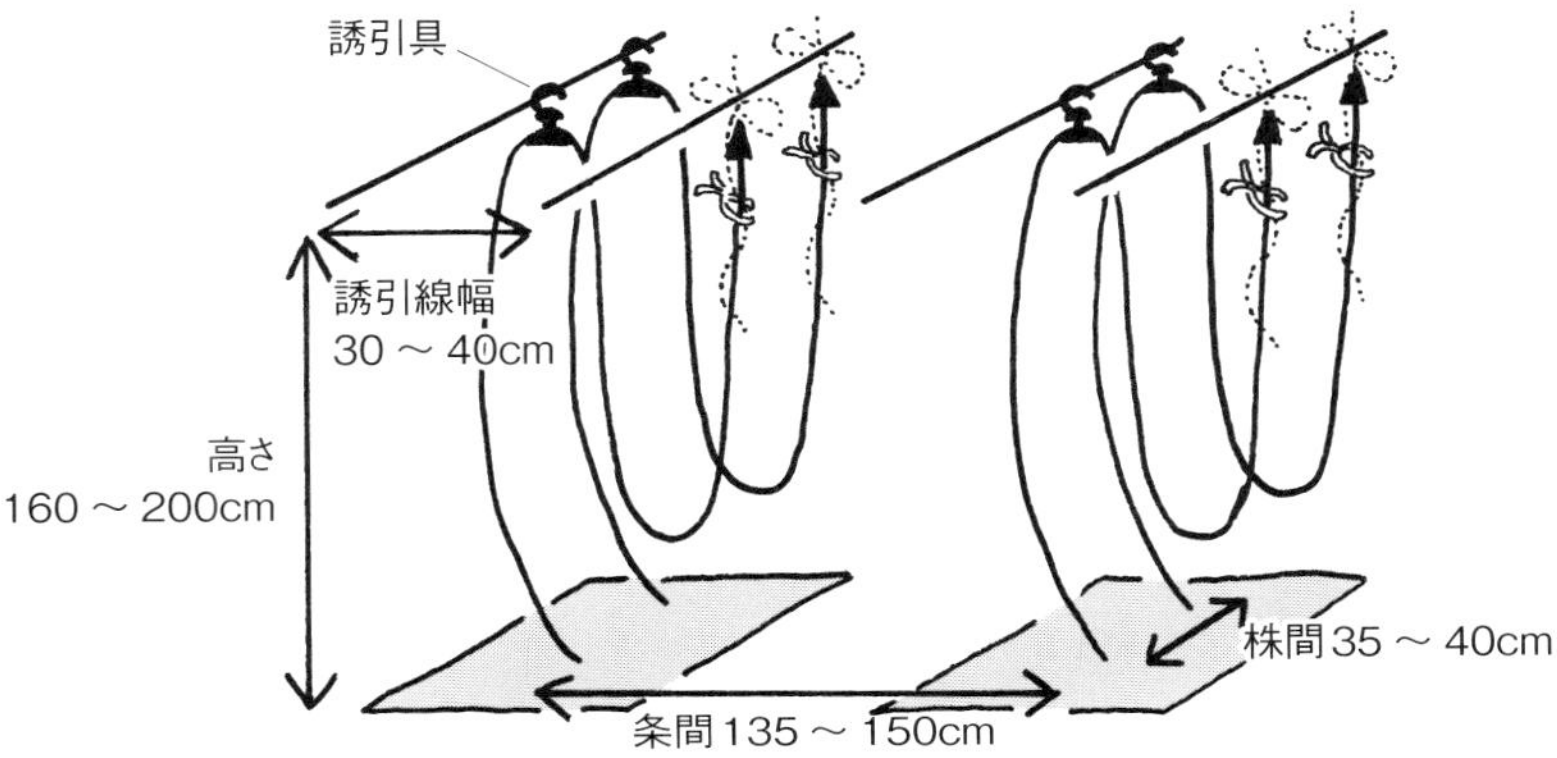

図2―34　Nターン誘引の植え付け間隔

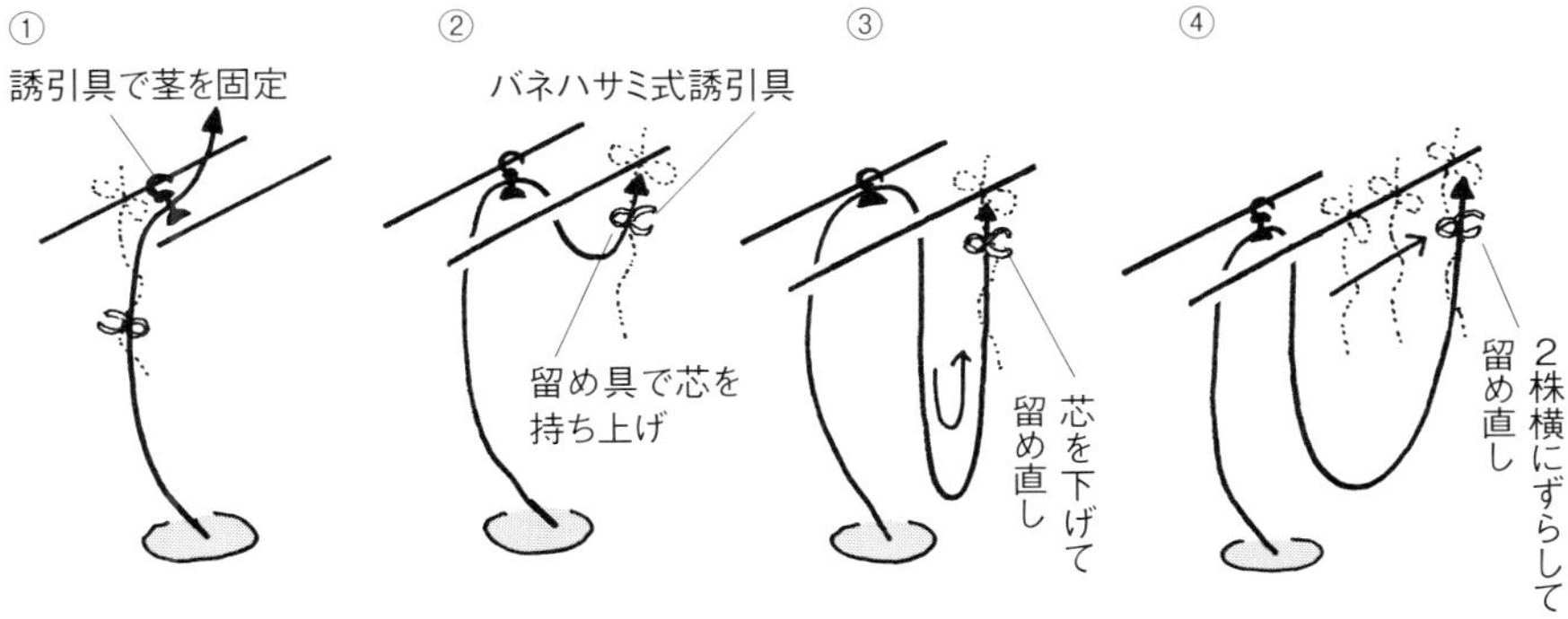

図2―35　Nターン誘引の手順

した誘引ひもに、バネハサミ式の留め具で吊っていく（②）。生長点が伸びるたびに、留め具を付け替えて、つるを下げて生長点を誘引線の高さに保っていく（③）。さらに長段で収穫するには二株隣の株のひもに付け替えて、横にずらしていく（④）。

▼生長点上向きの状態を長く保つ

　生長点が下向きの状態では、花芽が充実不足となり、着果不良や果実の肥大不足になりやすいため、生長点が下向きになる期間をできるだけ短くし、生長点をひもで立ち上げた状態を保つことが収量向上のポイントである。

　収穫可能な段数は、主茎ののぼりで五～六段、くだりで四～五段、再度ののぼりで五～六段、さらに横にずらせば四～五段余分に収穫でき、合計一四～二二段を収穫できる。

　誘引線近くの果実の肥大はとても優れるいっぽう、直射日光により果実温度が過剰に熱くなりやすいため、日焼け果や高温による着色異常となる危険も高まる。暖候期には、上位の腋芽や葉を意識的に残したり、遮光カーテンを多めに使用して、果実品質対策をする必要もある。

Nターン誘引は、一見難しく感じるが、実際に栽培すると非常に省力的で作業も比較的容易である。唯一苦労する点は、生長点がてっぺんからUターンする際、生長点を揃える（茎の向きにくせを付ける）時期のみである（作業工程の①～②間）。茎を大きく曲げるときには折れることもあるが、茎をねじってから曲げればよい（84ページ参照）。それ以外の時期は、他の誘引法と比べても格段にラクに作業できる。既存の軒の低いハウスで、省力を最優先して長期栽培を行ないたいのであれば最も適する誘引方法といえる。

斜め引っ張り誘引

▼果房を浮かせた状態にする

斜め引っ張り誘引は、ハイワイヤー誘引が一般化してきた栃木県県南地域において、従来の低い軒でも長期栽培を無理なく行なう目的で実践されている誘引方法である。古くから存在する「吊り下ろし誘引」と似ているが、誘引ひもにテンション（張力）をかけて斜めに引っ張ることで、果房を浮かせた状態とすることが特徴的である（図2―36）。

本技術を考案した栃木市大平地区の農家は、単収二七t程度を達成しており、低い軒のハウスにおいても高収量が期待できる誘引方法である。

▼誘引具はローラーフックで

標準的な栽植密度は、坪当たり六～六・五本前後のやや疎植が適する。一条植えのウネ間一二〇cmでは株間四五cm程度、二条抱き合わせではウネ間一八〇～二〇〇cm、株間四五～五五cmにするとよい（図2―37）。この程度の疎植で栽培すれば、茎が斜めになって葉が重なっても問題がない。

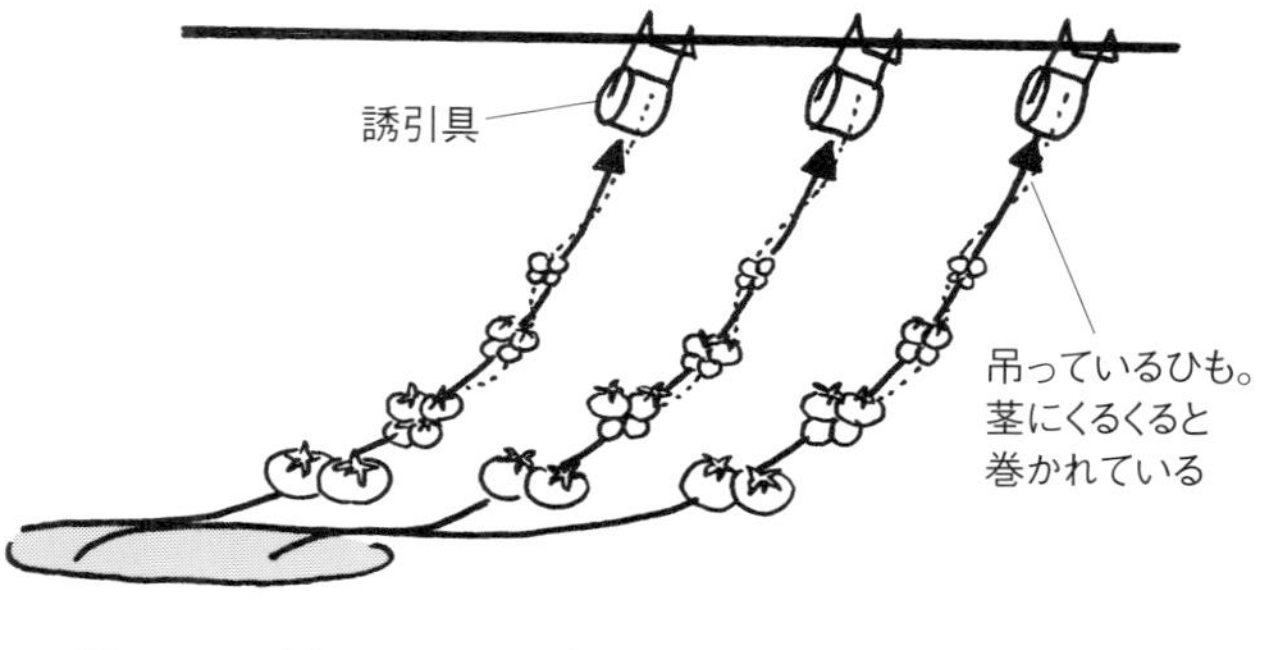

図2―36　斜め引っ張り誘引
ひもの張力で果実が浮いた状態を保つ

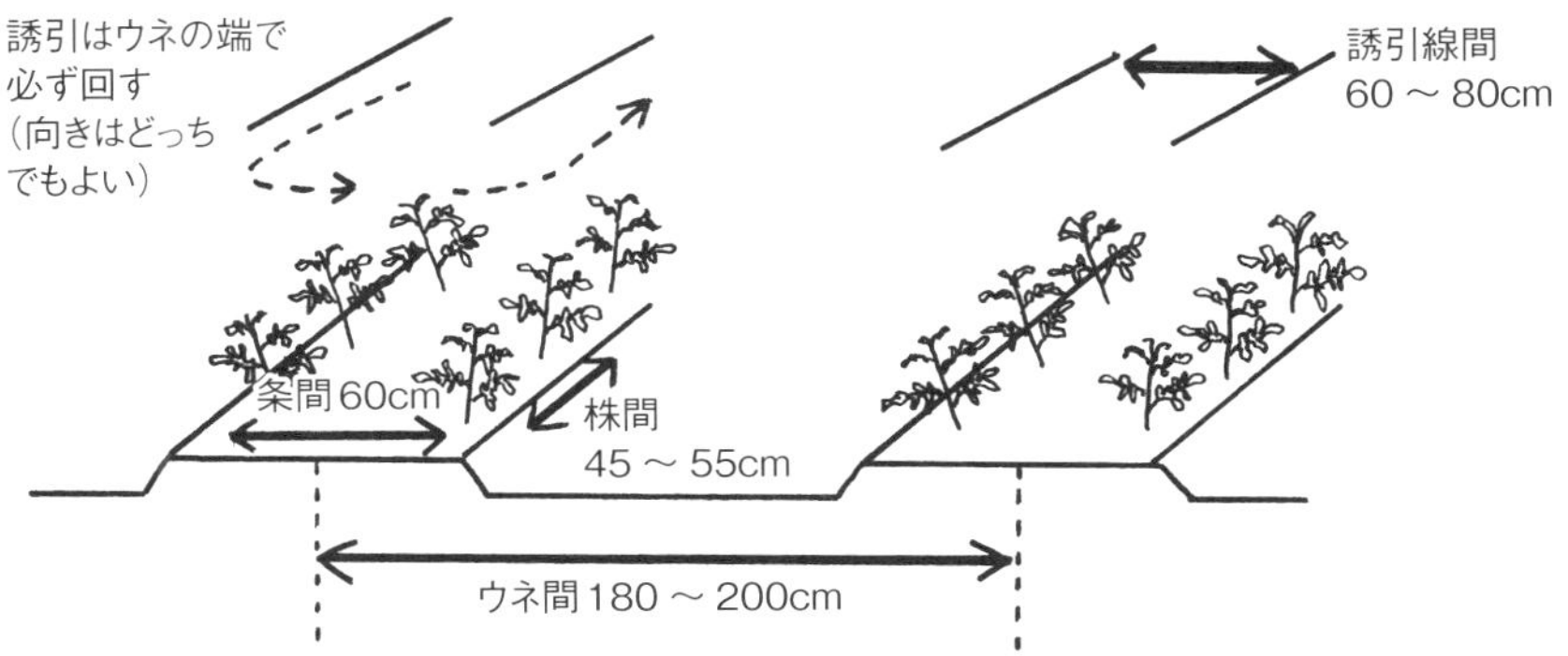

図2―37　斜め引っ張り誘引の植え付け
やや疎植を意識する

写真2―22　斜め引っ張り誘引法
（栃木県小山市）
果実がマルチ面に付かないように引っ張る

写真2―21　斜め引っ張り誘引
（栃木県栃木市大平地区）
ローラーフックで主枝を引っ張りながら掛けていく

写真2―23　ハウス骨材枠の補強
単管パイプとクランプでトラス構造

誘引具には、ハイワイヤー誘引で一般化している誘引ボビン「ローラーフック」を使う（写真2―21）。この誘引具は片手で金属番線部を握るとボビンのロックが外れてひもがほどけ、もう片方の手で植物の茎を持ち上げて、引っ張りながら、誘引線を横にずらしていくことができる。ローラーフックの針金部は丈夫で、誘引線（番線など）を強く挟みこんで横ずれしない優れた特性があるため、この誘引法には必須の誘引具と思われる。

▼吊り下ろし作業の要点

作業工程の要点は、栽培の前半は、ほぼ垂直に誘引線まで誘引し、第五～六花房の開花、収穫開始期を迎える。生長点が誘引線を越えた頃から、斜めに吊り下ろしをしていく。

生育初期は、根の張りが不十分であるため最初からテンションをかけすぎると根が浮き上がり、しおれ症状や草勢低下が起こりやすいので注意する。また、テンションが足りないと果実がマルチ面に接地し、着色不良や傷になりやすいため、生育初期は引っ張り加減が難しい。このときの工夫として、高さ三〇cm程度でPPひも（ポリテープ）を張っておき、ところどころで花房を引っかけておけば、果実の接地はラクに避けられ、茎にかけるテンションも軽くても差し支えなく有効である。生育中期以降は、テンションは極力強くして果房が浮いた状態を維持する（写真2―22）。

吊り下ろしの作業は、花房の開花テンポに合わせて、一段ごとに約三〇cm程度を吊り下ろしていくが、茎を下ろす前にやや強めの下葉かきをしたほうが効率的である。

ウネ長が五〇m以上の大型ハウスでは、誘引線（番線）やハウス骨材には、常に横方向に引っ張られる力が加わる。このため誘引線はやや太めの番線、ステンレスワイヤーとする。ハウスの両端で誘引線を固定する鉄骨枠は歪みやすいため、場合によりハウス周囲の骨材の補強も必要となる（写真2―23）。また斜めに引っ張る方向はいっぽう方向ではなく、条やウネごとに反対に向けることでハウス全体の張力方向を分散させることも重要である。

▼果実品質は常に安定する

本誘引は、ハイワイヤー誘引に比べ、高所作業が少ないため、吊り下ろしや腋芽かき作業の効率はよい。しかし、ハウスの高さに余裕がないため、吊り下ろしの回数が増えることと、収穫位置が常に地面に近い位置となるため、収穫作業時に足腰への負担が増えるデメリットもある。

斜め引っ張り誘引で栽培されたトマトは、生長点が常に上向きで誘引されるため生育は安定しやすい。Nターンで問題になる果実の日焼けや高温障害も少なく、果実品質は終始安定する優れた特性がある。

誘引に便利な器具

▼フック類

ローラーフック（写真2―24）は、誘引ひもを巻いたボビンと針金部から

写真2―24　ローラーフック

日本のハイワイヤー栽培で最も普及している

写真2―25　HDフック

オランダのハイワイヤー誘引具。効率重視の誘引具

なり、針金部をひと握りするとボビンが一回転分、約一〇cmほどけるしくみである。日本のハイワイヤー誘引で利用率が高い。ひもは三二mもあり、トマトの長期栽培に使っても三年もつ。ひもの耐久性も高く、三年間ハウスの中で使用しても途中で切れることはほとんどない。

いっぽう、オランダのハイワイヤー栽培ではほとんどがHDフックを利用している。

HDフック（写真2―25）は、針金で形づくられた金枠にひもを幅三〇cmで巻いてある構造である。オランダの吊り下ろし作業の様子を見ると、作業員は、左手でフックを持ち上げて、右手でひもを一回はずし、三〇cm横にずらして誘引線に戻すと、生長点が三〇cm下げられる。細かな高さの調整はできないが、つるを下ろす作業効率は非

写真2―26　つりっ子Jr

バネハサミ式誘引具。安定した耐久性がある

写真2―27　クキロック

誘引ひもを固定しながら茎を吊り上げる

常によい誘引具である。

▼バネハサミ式クリップ

バネハサミ式の茎クリップは、さまざまなメーカーから発売されており、つりっ子Jr（写真2―26）やクキロック（写真2―27）は広く普及しており、つりっ子Jrはその高い耐久性が、クキロックはコストパフォーマンスが高評価を得ている。このバネハサミ式クリップは、取りはずし、取り付けが非常に簡単にできる。一般的に、このタイプの誘引具は、トマト一株に二個付けて吊るのがよいが、さらに効率的に誘引するためには、一株で三個を使用し、吊り下げのタイミングで下部のクリップを上部に付け替える方法もよい。

ハイワイヤー誘引でも使用事例が多いが、Nターン誘引の初期の吊り上げ、後半の生長点の持ち上げで重宝され、斜め引っ張り誘引でも便利に使われている。

写真2―28　ターンハンガーM
主枝を傷めずに折り返すときに便利

▼茎の折り返し（Uターン）器具

主枝を誘引線の高さで折り返すUターン誘引、Nターン誘引では、ターンハンガー（写真2―28）などを使うことで、茎の損傷を抑えて無理なく、折り返しができる。

誘引ひもの主茎巻きつけ法

誘引クリップなどを使わずに、ひもを主茎に巻きつける方法はオランダでは一般的であり、日本でも実施例は多い（写真2―29）。

この方法は、株元でひもを軽く茎に縛るかトマトクリップなどで簡単に取り付け、それ以降は吊り下ろし作業時に、片手で茎を持ち上げたときに、ひもを一花房ごとに一回転程度巻きつけることで安定する。

筆者が行なった比較実験では、この巻きつけ法を強めに行なうと、巻きつ

写真2―29　誘引ひもの主茎巻きつけ法
留め具を使わない方法

けない方法に比べ、花房間長が二〜三cm短くなり、さらに果実肥大がよくなった。巻きつけ法では、節間短縮効果や、生殖生長が強まる効果が期待できる。ただし、一度巻きつけたひもをほどくことは非常に困難で、しかもひもは燃やせず土中に埋めても腐らないため、廃棄に気を遣う。

写真2—30　アルミ下駄
機動性がよい。転倒に注意

足もとの工夫

従来型のトマトハウスの誘引線の高さは一六〇〜一八〇cm程度で、何とか最上部まで手が届く高さである。しかし、少しでも多収をねらおうとすれば、収穫花房数を確保するため、誘引線の高さを二〇〇cm程度と高くすることは有効である。この場合、多くの女性は上部の誘引、芽かき作業で手が届きにくく、男性でも背伸びして作業をすると疲労が蓄積する。そこで、便利なのが軽量で機動性もよいアルミ製の高下駄（写真2—30）である。

写真2—31　発泡スチロールの足場台
オーダーで切り出してもらう

アルミ下駄は、高さのバリエーションが一二〜三〇cmまである。軽量で歩きやすく作業効率もよい。しかし高さ二〇cmを超えると、作業通路の少しの段差でも転倒することがあるため十分に注意する。

発泡スチロール（写真2—31）を作業台として使用するのも便利である。発泡スチロールの専門業者か園芸店などに注文し、オーダーサイズに切り出してもらう。一般に側面三〇×四〇cm、長さ一八〇〜二五〇cm程度で切り出してもらうと安定した作業台となる。移動するときは一度下りて、蹴ると簡単に滑って扱いやすい。

高所作業車はハウス間の移動などに

は不便で、雇用労働を増やした場合に台数が足りなくなることがあるが、発泡スチロール台を数個用意しておくことで臨機応変に高所作業ができる。

茎を簡単に曲げる方法

Uターン誘引やNターン誘引では、ときに大きく茎を折り返す必要もあり、茎が折れることもある。このとき、ペンチで軽くつぶすと曲げられるが、つぶす程度が難しい。茎に傷が付くことで、灰色かび病の危険も高まる。

そこで写真2―32のように、葉の付け根を持って茎をねじる方法だと無理なく誘引できる。一度、茎に縦割れ線が入る程度にねじると、曲げてもほとんど折れることはなく、また傷が少ないため病害の危険も比較的少ない。Nターン誘引など、茎を大きく曲げるときだけでなく、通常の誘引時でも、生長点が自然に曲がりすぎて矯正するときでも、ねじってから曲げるとよい。

万が一、茎を折ってしまった場合も、茎を接合させることはできる。皮一枚だけでも残っていると五日もすると回復する事例もまれにあるが、何もしなければほとんどは枯れてしまう。

多くの生産者は、折れた茎を慎重に合わせてビニールテープで巻いておく接合手術で回復させる。しかし、ビニールテープは茎に接着しにくく、接合部位がズレて失敗することも多い。

そこで、実験室で使用するパラフィルム（写真2―33）を利用すると失敗が少ない。これはある生産者から教わった方法である。パラフィルムは伸縮性がよく、巻きつける作業が非常にラクであり、接合手術の成功率も格段に高くなる。パラフィルムをひと巻き用意しておけば数年間使える。

写真2―32　茎をねじって誘引

茎に縦割れ線が入る程度にねじると無理なく誘引できる

写真2―33　折れた茎を接合するのに便利なパラフィルム

作業性がよく、成功率も高い

第3章

栽培の実際

ここまで、長期多段どりを成功させるためにどうしてもおさえておきたい要点について解説してきた。

この章では、苗の入手、圃場の準備から定植前後の管理、収穫期の管理まで、その作業の実際と、生理障害、主要病害虫について解説していく。

1 苗の入手と育苗管理

写真3―1　5寸鉢の自家育苗苗

苗の入手

▼自家育苗から購入苗へ

近年、トマト栽培を播種から行なう生産者は非常に少なくなっている（写真3―1）。この傾向が強まったのは二〇〇〇年頃以降で、JA育苗センターや苗専用業者からセル成型のプラグ苗を購入し、ポリポットへ鉢上げする二次育苗を行なうことが、この頃から一般的になった。

さらに近年では、大苗あるいは中苗といわれる、即定植できる苗を購入する事例が多くなっている。ポリポットの大きさや展開葉数、第一花房の花蕾状態など、受け取り時の苗姿を苗業者に指定した購入が可能になってきており、ここ数年では、九～一〇・五cmのポリポットで出蕾期の苗を購入する事例が非常に多くなっている（写真3―2）。

▼生育バランスの制御は環境制御で

育苗の分業化は、主に大規模生産者が省力を図る目的で始まった。しかし現在では、一般の中規模の生産者でも苗を購入することが多くなってきている。栽培環境を整えた専門業者へ苗委託するとトマト黄化葉巻病などの病害虫発生への気苦労が減る、冷涼な地域へ苗委託すれば着果節位が安定するなど、メリットが多いためである。

いっぽう、農業における育苗の重要性を説く教訓に「苗半作」という言葉がある。苗質の良否が作柄、全体収量の半分を決定してしまうという教えである。トマト栽培でも、古くからこの

写真3―2　購入した定植苗
左：10.5cmポリポットで納入された出蕾期の大苗、右：段ボールに梱包されて届く大苗

教訓に沿うように、水分管理などに細心の注意を払って、節間の詰まったコンパクトな苗づくりを目指してきた。このことは確かに、栽培の安定、特に生育の前半、第三花房開花頃までの生殖生長へ傾ける生育バランスの制御、果実の高品質化にとって有効であった。

しかし近年は、二〇段花房以上を収穫する長期栽培が増えてきたため、育苗が収量に及ぼす影響は栽培全体からみると少なくなっている。また草勢や生育バランスを制御する手段として、環境制御や養液管理の技術が新たに揃ってきたため、生育制御における苗質の比重も従来より低くなってきている。このことから専門業者からの苗購入は今後ますます普及拡大していくものと思われる。

苗を購入するに当たって重要なことは、よく揃った苗を入手することである。よく揃った苗でないと、環境制御や養液管理による生育コントロールが困難になる。揃いのよい苗をつくることができる、信頼できる業者を選定することが重要である（この本では、播種技術、プラグ苗の管理についての解説は省略する）。

二次育苗

▼二〇〇穴セル苗はすぐに鉢上げ

トマトのセル成型プラグ苗の規格は一般に一二八穴か二〇〇穴のどちらかであるが、二〇〇穴のほうが多い（写真3―3）。

セル成型苗では、穴数が多いほど培地量も少なく、密集した状態であるため、根は老化しやすく、茎葉は徒長しやすい。このため、特に二〇〇穴苗では、業者から苗が到着したら、早急にポリポットへ鉢上げをする。

写真3—3　購入した128穴セル成型プラグ苗

写真3—4　購入培土を利用した2次育苗

苗が到着する前には、あらかじめポットに培土を詰め、培土の水分量も適度に保った状態に保ち、苗が到着次第、即日鉢上げできるよう準備をしておく。

ポット培土

▼購入培土で労力軽減、育苗安定

以前の培土は、落ち葉堆肥と黒土、モミガラのくん炭などを自前で混ぜ合わせて肥料を加えた自家製培土が一般的であった。しかし現在は、土壌病害の持ち込み防止や雑草種子の混入、さらには肥料の混ぜ合わせ労力の削減などから、購入培土を利用することがほとんどである（写真3—4）。これにより、以前はよくあったpHやECの異常による活着不良がほとんどなくなり、育苗の安定にもつながっている。

育苗ポットの大きさ

▼若苗定植に合ったやや小型のポットで

ポリポットのサイズは大きいほうが土壌水分の乾湿の差が少なく、根のストレスも少なく、苗は順調に生育しやすい。しかし大きくなれば購入培土の量も多くなり、生産コストも上がる。表3—1は、鉢の上部一cmを余らせて土を詰めた場合のおおむねの培土量である。三寸（三号）鉢と五寸（五号）鉢では、培土量が四倍もの差になる。

表3—1　ポットの大きさと培土量

ポリポット規格	3号	3.5号	4号	5号
直径（cm）	9	10.5	12	15
培土量（mℓ）	300	500	700	1,200

十月以降の定植となる促成作型では、定植時には冷涼な気候となるため、トマトの生育初期に草勢過剰になる危険が増す。このため、苗の生育ステージを遅らせて、花房開花期以降に定植することが一般的であり、根の老化を防ぐためにも五寸（一五cm）鉢程度の大きめのポットがよい。

それに対して長期多段どり栽培では、八月の盛夏期の定植となり、トマトの呼吸消耗による草勢低下が懸念される。このため、やや若苗での定植が基本となり、育苗期間は短くなるため、やや小型の三〜三・五寸（九〜一〇・五cm）程度で十分である。

写真3—5　育苗中のかん水の目安
（15時の苗姿）
上：15時頃には培土表面が乾いて葉がわずかに垂れるくらいがよい
下：しおれが著しい水不足。枯れはしないが、生育が遅れ、低段花房の果実が小玉化する

ポット育苗の水管理

▼過剰なしめづくりは厳禁

ポットへの鉢上げ時には、ポット内を十分に湿った状態にして苗の活着を促す。一回目のかん水は通常は鉢上げの五〜六日後となる。本葉三枚展開程度の苗では、トマトの吸い上げよりも自然に乾いていく水分量のほうが多いため、高温期には早めのかん水が必要となることもある。育苗前期は、葉の垂なりもなく徒長の心配は少ないので、かん水量も一回に二〜三日分をまとめて給水しても大丈夫である（写真3—5）。

五枚展開期頃からは一回のかん水量を徐々に少なくし、六枚展開期以後は朝給水したものが夕方には乾く程度とする。夜間に十分な水があると急速に徒長するため、かん水量には注意する。

ただし、過剰なしめづくりの弊害もある。特に、近年普及拡大している人気品種「麗容」や「マイロック」（いずれもサカタのタネ）はしおれさせることの弊害が大きいと感じる。日常的にしおれさせるような水管理で育苗すると、まず生育が大きく遅延し、低段の果実が著しく小玉化する。極端なしめづくりはしてはいけない。

育苗期の追肥

▼葉色が淡くなる前に施す

育苗培土にマイクロロングなどのコーティング肥料などをあらかじめ施して、育苗中の追肥を省力することもあるが、ほとんどの場合は育苗中に数回の追肥が必要になる。常に、生長点まわりの新葉と下葉の葉色をよく観察し、葉色が淡くなる前に追肥を行なう。

通常は鉢上げ～開花期の定植までに一株当たりチッソ成分で一〇〇～一五〇mgが必要である。不足させると第一花房、第二花房の肥大に影響する。

肥料の種類は、三要素がおおむね等量に含まれる液肥を利用して、かん水と同時に施用する。その他、やや緩効性のCDU化成肥料やIB化成、錠剤肥料などを、ポット培土の表面に施してもよい。

鉢広げ（ずらし）

▼隣の株と葉を重ねない

苗に均等に光が当たるように鉢の間隔を広げていく作業が「鉢広げ」である。地味な作業ではあるが、苗の徒長防止と花芽の充実には欠かせない。

育苗初期はかん水の労力を軽減するため、一カ所に四〇～五〇株まとめて置くが、葉が隣の株と触れあうようになる頃から、定植までのあいだに二～三回に分けて鉢広げを行なう。隣の株と葉が重なり合わないことが基本である。株の頭上には、写真3—6のようにタバココナジラミ防除のため黄色粘着板を吊るすとよい。

温度管理

▼既存の設備で昇温対策すればよい

多くの作物の花芽分化は、日長や温度に影響される。たとえばイチゴでは、低温と短日条件で花芽が形成される。いっぽう、トマトの花芽分化は、特定の日長条件や温度条件を要求しない。苗がある一定程度の大きさ（茎の太さ）になり、体内の栄養条件（光合成の糖エネルギーが主）が整えば花芽分化する。環境が整ったトマトは、本葉が二～三枚展開した頃、およそ七～八枚分の葉となる細胞が分化・形成された後に花芽分化する。

ただし、高温条件では苗の呼吸消耗が大きくなり、糖エネルギーが不足するため、花芽分化が遅れる傾向がある。栽培現場では、夏の育苗において本葉一〇〜一二枚の後に出蕾する事例をよく見る。これは相当な酷暑環境で育てられた苗だろうと予想できる。なかには、日当たりが悪いなど光合成条件の不良が要因となるケースもあるが、夏期の育苗ではまず高温環境を改善することである。

写真3—6　鉢広げ
上：鉢上げ直後、下：定植直前

近年、開発・普及が進んだ閉鎖型苗生産システム「苗テラス」（三菱樹脂アグリドーム製）は、光、温度、湿度、CO_2濃度などを制御できる、閉鎖空間の苗生産設備である。植物体内の糖エネルギーが十分に整うため、安定して本葉七〜八枚の低節位で出蕾する。

ただし、夏期に高温を抑えて育てられた苗はその後、過酷な高温環境の圃場に定植されると、二〜三段花房分の花芽分化が不安定になることもある。花房間の葉数が極端に多くなるなど、花房の揃いが悪くなる。

現実的なところ、生産現場では、夏期に冷房を稼働させてまで着果節位を下げる努力は不要と思われる。既存の設備で、できる限りの昇温対策（換気の最大化、遮光カーテン、あれば細霧システム稼働）をすればよい。第一花房の着果節位が少し上がることを過剰に気にする必要はない。

2 圃場の準備

長期多段どり栽培は栽培期間が長いため、土づくりをする期間に余裕がなく、限られた期間で効率よく土壌消毒と土づくりをする必要がある。また、土壌病害の発生を抑えて長期戦をものにするには、単独ではなく複合的に対策を組み合わせることも必要である。

土壌消毒

▼資材費のかからない湛水代かき

ハウスで連作するならば、土壌病害やセンチュウ類の軽減と前作の残肥の除塩、塩基バランスの矯正のため、湛水代かきをするとよい（写真3―7）。

土質によっては水抜けが早く、湛水できない圃場もあったり、ハウス構造によっては鉄柱の基礎が下がってしまったりして、すべてのハウスで実施できるわけではない。しかし、土壌中の酸素を奪って強還元状態にするため、病原菌やセンチュウを死滅させ、連作障害回避になる。根張りの強化、収量増加につながる有効な技術である。

やり方は、ハウスに水を入れて代かきした後、水を切らさないように湛水するだけである。

代かき後の湛水期間は、土壌肥料成分の矯正のためであれば七日程度でもよいが、病害やセンチュウ類の防除のためであれば長期間の湛水期間が必要になる。目安として二〇日以上とすることで、青枯病や萎凋病などの病原菌を低減でき、センチュウ類も大きく減らすことができる。

写真3―7　湛水処理

湛水代かきの成功のポイントは絶えず水を切らさないことと、ある程度の処理日数を確保することである。次作の作付けまでに余裕がない場合は、湛水代かきは不適である。

▼猛暑では効果の高い太陽熱消毒

臭化メチル剤の使用禁止以降、土耕栽培での土壌消毒には太陽熱消毒が一般に行なわれてきた。湛水して透明ポリで全面マルチし、ハウスを密閉し二〇日間ほど放置する方法である。しかし実際は、太陽熱だけでの処理では消

写真3—8　米ヌカの散布

写真3—9　湛水代かき後、ポリ被覆

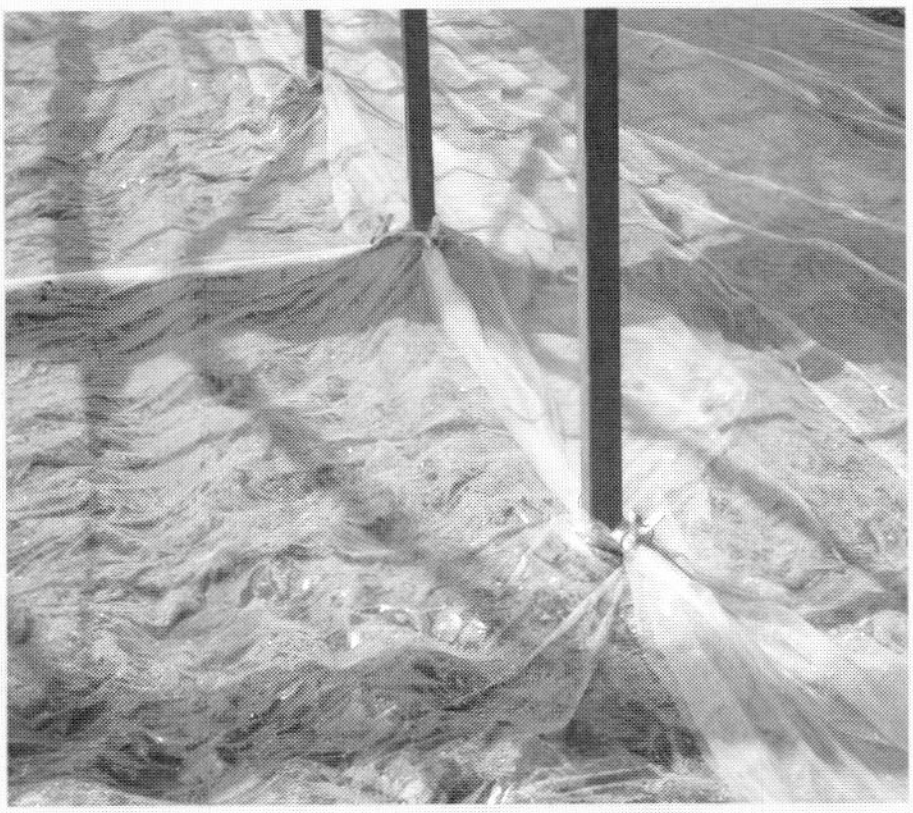

写真3—10　柱の元までポリをクリップで留める

▼土壌還元消毒の手順

①圃場10a当たり1tの米ヌカかフスマを散布し、2回程度耕耘する
②湛水し代かきを行なう（水が溜まりにくい場合は十分なかん水でも可）
③水分が多いうちに透明ポリや古ビニールなどで土面を覆い、柱の元や周囲までしっかりふさぐ
④太陽熱も併用し、ハウス内の換気温度設定を上限値の40℃程度とし（40℃になったら換気窓を開く）、開度制限を併用し50℃程度までの高温管理できれば効果が安定する（高温による資材の傷みに注意）
⑤20日以上（できれば30日間）放置し、処理終了となる

毒効果は不安定である。

二〇一三年、栃木県小山市のトマトハウスで太陽熱消毒を実施し、深さ別に地温の経過を測定した結果、浅層一〇cmでは五〇℃近くまで地温が上昇し、消毒効果は高かったが、深層三〇cmでは最高で四二℃までの上昇で、消毒効果のボーダーライン程度であった。この年は、連日三五℃を超える猛暑日が続いた好条件であったため、高い地温をある程度確保できたが、平年ではここまで地温が上がることは少なく、太陽熱の消毒効果は決して安定しているとはいえない。

▼湛水代かき＋太陽熱＋土壌還元消毒が基本

現在、トマトの土耕栽培で最もよく導入されている土壌消毒法は、土壌還元消毒である。土壌中にフスマや米ヌカなどの糖質を持った有機物を一〇a当たり一t施用し、土壌中の微生物を利用して土壌を還元（酸欠状態）化し、病原菌を死滅させる方法である。資材が比較的安価で、環境負荷が少ないこと、作業者の身体への影響も少ないことも本方法のよい点である。

太陽熱と湛水代かきの原理も組み合わせることで、より安定的な消毒効果が得られる（写真3―8～写真3―10）。

これまでの栽培事例から、ドブ臭がし（還元化した証拠）、地下二〇cmで地温が四〇℃以上に達していれば、消毒効果は成功であったと考えてよい。水抜けがよすぎる圃場では、あらかじめかん水チューブを入れておき、途中にかん水も必要となる。

▼深層まで届く糖蜜土壌還元消毒

前述した土壌還元消毒は、トマト栽培には非常に有効な消毒方法であるが、わずかな弱点は深層までの消毒が難しいことである。いっぽう、近年取り組まれ始めた糖蜜利用の土壌還元消毒は、糖蜜が深層まで届きやすく、消毒効果も深層にまで及びやすい。特に完全消毒が困難な青枯病やセンチュウ類の対策として期待される（写真3―11）。

新潟県の研究では、深さ五〇cmの土壌でも青枯病菌およびネコブセンチュウの密度を低下できるとしている。栃木県栃木市のトマト農家でも、青枯病とネコブセンチュウに高い防除効果が確認されている。

ただし、糖蜜（サイレージ用）の価格は一〇a当たり九〇〇ℓ必要で一〇万円程度と処理コストが高いことと、〇・六％濃度への調整の手間が課題として残る。

▼短期で効果がある薬剤土壌消毒

土壌消毒に使われる代表的な薬剤には、クロールピクリン、ガスタード微粒剤、ディ・トラペックス油剤などがある。

　なかでも、古くから安定した消毒効果を持ち、根強い人気があるのはクロールピクリンである。クロールピクリンはガス化が早く、各種病原菌やセンチュウ類を含めて、短期間で幅広い殺菌効果が得られやすい。しかし、処理中、気化しやすいガスを吸入してし

▼糖蜜土壌還元消毒の手順

①耕耘後、かん水チューブを配置し、液肥混入器を用いて0.6%濃度（重量比）の糖蜜150ℓ /m²（糖蜜900ℓ /10a）を土壌に浸透させる。希釈する際は、一時的に5倍程度に希釈してから、再度、液肥混入器で希釈する。このほうが濃度ムラが少なく安定的に処理できる

②地表面を透明ポリなどで被覆し、ハウスを密閉する

③20日以上経過後に処理終了となる

写真3―11　一斗缶で購入した飼料用の糖蜜（上）、一時希釈のプール（中）、ポリの下のかん水チューブで糖蜜を処理（下）
（写真提供：松島雄大）

写真3—12　キルパー処理（栽培終了直後）

上：薬剤処理１日後、ガス化し、もや状態
中：処理３日後、葉は枯れ上がる
下：処理５日目から株の持ち出し開始

まうリスクもあり、防毒マスクの装着が必須となるなど作業的な負担も大きい。

いっぽう、近年非常に簡便な手法として注目されているのが、栽培期間の最後に実施する「キルパー（カーバムナトリウム塩）処理」である（キルパー処理の工程や登録の詳細は、ＦＡＭＩＣ農薬登録情報提供システムやメーカーホームページなどで確認すること）。

キルパー処理の魅力は、栽培中に使用していたかん水チューブ、ドリップチューブをそのまま利用することができ、さらに株を植えたまま、マルチを展張したままの状態で薬液を流すことができる簡便性にある。キルパーの処理後、晴れていれば三〜五日で株が完全に枯れ上がるため、枯れた株を持ち出すことで消毒が完了する（写真3—12）。

キルパー処理は簡便な消毒法で魅力的ではあるが、かいよう病や、萎凋病、褐色根腐病など土壌伝染性の高い病害が懸念される場合は、キルパー処理だけではやや不安が残る。キルパー処理後に、土壌還元消毒などを実施する二段階処理をするとよい。

土壌消毒後の注意点

消毒後、無菌状態となった土壌に病原菌がわずかでも入りこむと、爆発的に増殖する危険がある。消毒時に被覆した透明ポリなどを剥がした直後は、優良な微生物資材やボカシ肥料を薄く散布しておくと、病原菌の爆発的な増加防止に効果的である。

また、消毒後にロータリやローダーなどの農機具類を使う場合は、必ず念入りに洗浄してから作業する。

筆者が見た事例でも、薬剤により完全に殺菌できたはずの圃場で、トマトを定植後一カ月以内にトマト半身萎凋病が多発した事例があった。トマト半身萎凋病は相当に菌密度が上昇しないと多発することはないはずである。生産者に聞くと、やはりトラクタを洗浄しておらず、他の露地野菜畑を耕耘後、そのまま消毒後のトマト圃場を耕耘したとのことであった。消毒後の圃場へ入る場合は、農具、長靴などの洗浄・消毒も十分に行ないたい。

3 定植と定植後の管理

圃場の水分調整

▼高温で活着させるには多めに

土壌消毒をすませたら、堆肥や土壌改良材、元肥を投入してから定植するわけだが、土壌消毒を終えた時点での土壌水分をある程度保持した状態で定植できるのが理想である。

長期多段どり栽培の中心となる八月定植作型では、定植期にハウス内の最高温度は三五℃を超え、平均気温三〇℃以上になることもある。このような過酷な環境では、定植時の苗の呼吸消耗は極めて大きい。まずは苗の根の活着を促進するため多めの土壌水分に調整することを心がけたい。テンションメーターのpF値で二・〇以下が目安である（九～十一月の遅い定植の土壌水分は後述）。

栽植密度

▼坪七・五～八・五本で多収・高品質

多収をねらうのであれば、やや密植が有利である。しかし、密植すれば管理作業が増え、果実も小さくなる。また、定植の時期が早いほど日射量が多く、その日射量をより効率よく利用するため、栽植密度は植え付け時期により多少の加減が必要になる。

表3—2　栃木県における長期多段どり栽培の定植本数の目安

ハウス間口	ベッド幅	株間（cm）	本数/10a	実質本数注）	本数/坪注）
9m間口	180cm	35	3,174	2,850	9.5
		40	2,777	2,500	8.3
		45	2,469	2,200	7.3
		50	2,222	2,000	6.7

ハウス間口	ベッド幅	株間（cm）	本数/10a	実質本数注）	本数/坪注）
8m間口	200cm	30	3,333	3,000	10.0
		35	2,857	2,600	8.7
		40	2,500	2,250	7.5
		45	2,222	2,000	6.7
		50	2,000	1,800	6.0

注）実質本数と坪本数は通路分や暖房機スペースを差し引いてのおおむねの定植本数

八月の定植であれば、坪当たり七・五〜八・五本、九月以降の定植では坪当たり七・〇〜七・五本、さらに遅い定植作型では坪当たり六・五〜七・〇本前後とすることで、高収量と高果実品質が両立しやすい。

一〇a当たり三〇t以上の高収量事例では、八月二十日前後の定植で、ハウス規格が間口八mでベッド幅二〇〇cmの四ベッド八条植えとして、株間三八〜四〇cmとする事例が多い（表3―2、図3―1）。

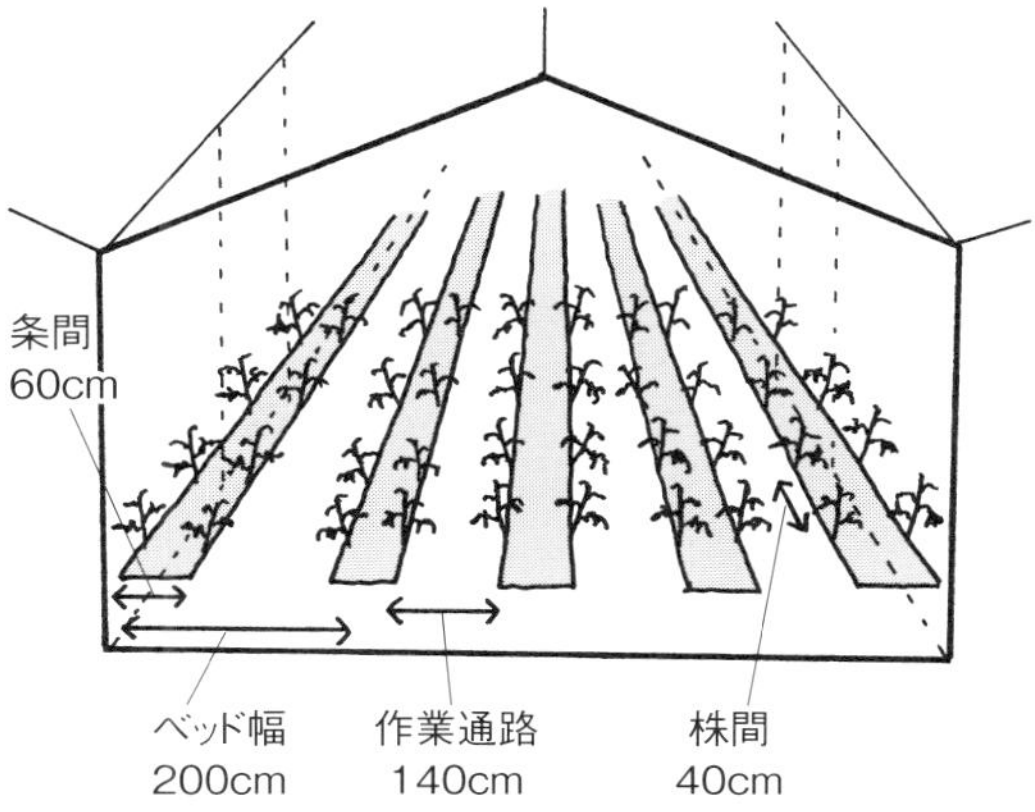

図3―1　8m間口の場合の植え付け例

堆肥投入からベッド作成まで

▼平ベッドに管理機で植え溝を掘る

定植の前に、圃場全体に堆肥や土壌改良資材を投入して耕耘し、さらに元肥の投入後に二回目の耕耘を行なう。その後、全面に土壌鎮圧ローラーをかける。

近年、土耕の長期多段どり栽培、ハイワイヤー誘引栽培では、ゴム車輪式の高所作業車を使うことが多い。高所作業車の走行安定化と土壌水分の保持のためには、定植ベッドはつくらず、圃場全体を麦踏み用などの鎮圧ローラーで固めて平らにする（写真3―13）。ローラーの重量などでも異なるが、通常は縦方向、横方向の計二回で鎮圧を仕上げる。

定植圃場の水分が足りない場合は、鎮圧後に散水チューブを入れて定植前〜定植後にかん水する（写真3―14）。週間天気予報で晴天日が連続するようなら、あらかじめ多めの土壌水分で定植するとよい。

写真3―13　麦踏み用を活用した鎮圧機

写真3―14　定植圃場の水分調整

定植のための植え穴は、移植コテで一株ごとに穴を掘ってもよいが、大規模の施設では一輪の管理機で植え溝を掘るとよい。通常はV字の培土板で浅く溝を掘るが、培土板の種類、向きを工夫して片側に跳ね上げるように設定すると定植の作業性がよい（写真3―15）。植え溝が深くならないように気を付けて、七～八cmに浅く掘っておけば、定植作業はかなりラクである。

写真3―15　管理機での植え溝つくり
（片側跳ね上げ）

▼冠水対策に低めベッド

近年は、前述のように高所作業車が走行する都合上、土壌鎮圧による平ベッド（ベッドなし）の事例が多い。しかし、最近増えているゲリラ豪雨や大型台風により、平ベッドでの冠水被害が高まる傾向にある（写真3―16）。このため、ゲリラ豪雨による浸水が少しでも心配なハウスでは、わずかな高さ（高さ四～五cmで十分）でもベッドを上げるとよい（図3―2）。

低めベッドを作成する方法は、さまざま考えられる。簡易な方法は、圃場全面を鎮圧した後に、定植する部分を帯状（幅六〇～八〇cm）に小型管理機で耕耘することである。柔らかな簡易ベッドができあがる。こうしておけば、豪雨が懸念される夏～秋期にハウス内が冠水しても、株元が早めに空気に触れ、根の酸欠が軽減できる。なお、この方法では、定植時に改めてV字状の植え溝を掘る必要はない。ベッドが柔らかいため、植え穴を掘るのもラクである。

定植苗の生育ステージ

▼セル苗より中苗～大苗で植える

一般にトマト栽培では、植物体が小

さい幼苗段階での定植は、活着後に草勢過剰、樹ボケになる危険がある。このため、多くの作型で、第一花房が出蕾～開花する時期まで育苗してから定植し、樹が暴れないように抑える手法をとってきた。

しかし、盛夏期に定植する長期多段どり作型においては、小さな植物体のほうが呼吸消耗にも強いため、幼苗（セル苗）を直接定植することが選択肢の一つとして普及してきた（写真3—17）。とはいえ、セル苗の直接定植では、生育がやや不安定になる傾向は避けられない。猛暑の夏には一段目の花房上で花房間の葉数が極端に多くなる「段飛び」となりやすく、反対に冷夏の年には草勢過剰となり、茎が太くなりすぎる栄養生長過多で、第一～二花房の肥大不足などの問題が発生する。また、セル苗の直接定植は、圃場内の生育の揃いが悪く、後のコントロールを悩ませることが多い。このため、八～九月の定植では、セル苗よりも、中苗～大苗で定植するとよい（写真3—18）。

なお、適正な定植苗の生育ステージは、定植期の気象条件、栽培環境により異なる。筆者が考える、各定植期に適する苗生育ステージは次の通りである（図3—3）。

写真3—16　2015年9月関東・東北豪雨での冠水事例

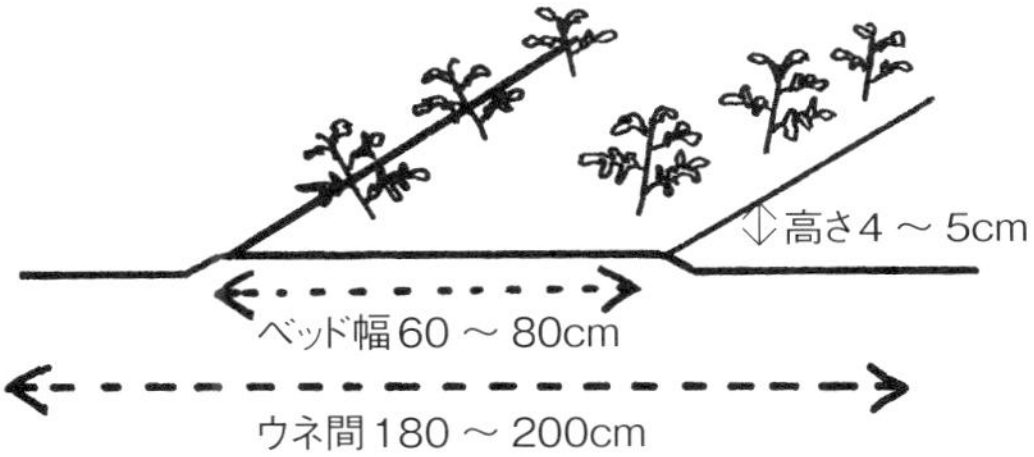

図3—2　低めベッド

水はけのよい圃場では平ベッドでよいが、大雨による冠水害に備えるにはベッド作成が有効

定植後のかん水

▼できるだけ控えて根を張らせる

定植後のかん水は、最初の一～二回は株の生育状態に合わせながらの手か

写真3―17　セル苗の直接定植

ん水がよい。しかし、大規模ハウスでは、ホースによる手かん水をたびたび行なうことは困難であるため、ドリップチューブを利用した少量のかん水もやむを得ない（写真3―19）。

活着後は、初期の根張りを促すため、徐々にかん水は控えていくが、しおれ症状がある場合は少量のかん水を行なう。

写真3―18　8月下旬定植の購入大苗
出蕾期での定植が安定

やや遅い作型でのかん水

なお、長期多段どりでも九月以降に定植する作型では、定植圃場の土壌水分は乾きぎみに仕上げる必要がある。特に十～十一月の定植作型では日射量が日々少なくなることから、土壌から自然に水分が蒸散することが少なくな

表3―3　定植期ごとの適正な苗生育ステージ

定植（月/旬）	ポット（cm）	生育ステージ
8月上旬～中旬	5～9	葉数5～7枚の中苗
8月下旬～9月上旬	9～10.5	出蕾期前後
9月中旬～10月	10.5～12	第1花の蕚割れ～開花期
11月～3月上旬	12	第1花の開花～花房満開期
3月中旬～4月	10.5～12	第1花の蕚割れ～開花期
5月～6月	9～10.5	出蕾期前後
7月	5～9	葉数5～7枚の中苗

栽培地域や品種によっても多少異なる

る。一度、土壌水分が過剰になると、そのまま高い水分が保持されてしまい、多めの土壌水分で活着したトマトは、生育ブレーキが利かない暴走状態になりやすい。

　定植後のかん水は少量とし、午後の高温でもしおれない程度、夕方には土が乾くような少量かん水を何回かくり返して活着させていく。ホースの手かん水では、一回に一株当たり二〇〇～三〇〇cc程度が適量と思われる。このとき、図3―3のように、地下水位と株元の水分層がくっつかないように意識しながら少量かん水とすることで、根が深層まで張ってしまうことを防いで初期の草勢を抑える。

写真3―19　定植後のドリップかん水
少量かん水で活着を促し、活着後は極力控える

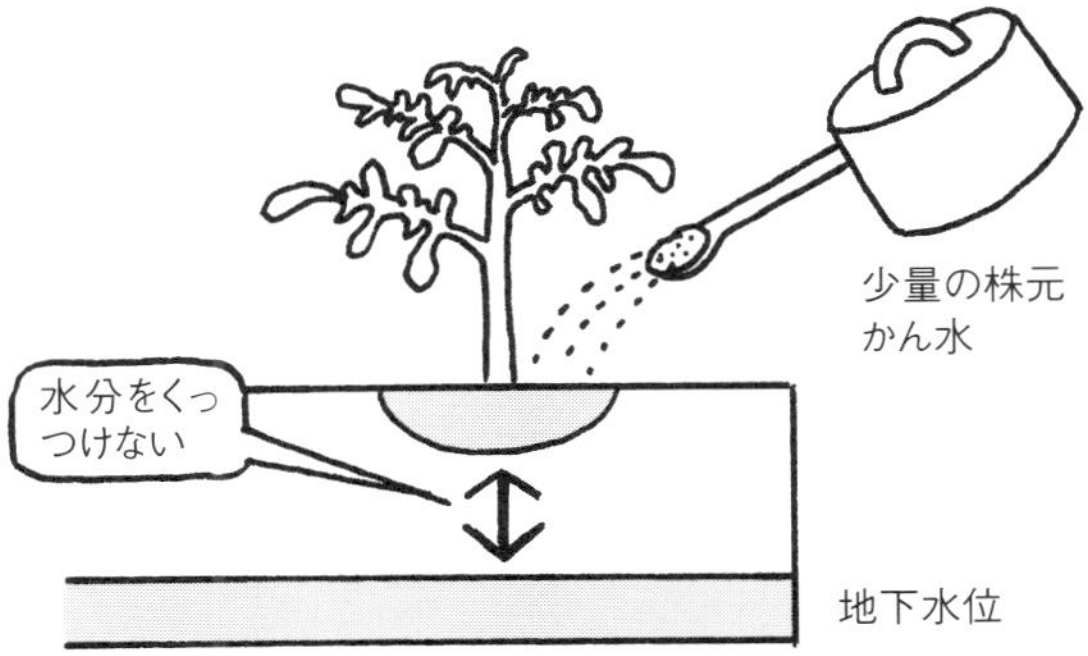

図3―3　定植後は少量のかん水（10月以降の定植作型）

　しかし長期間にわたってしおれを続けると、第二～三花房の果実肥大に悪影響があるため、第二花房の開花期頃まではかん水をしなくてもしおれない程度の根張り、活着が必要である。

遮光カーテンの利用

▼使うのは苗の活着まで

八～九月の定植では、活着までは強い日射にさらされ、しおれ症状を呈することがある。対策は、遮光カーテンの利用が有効である。特に夏期の定植では、晴天日は明るさで七万ルクス以上と、光飽和点以上の日射量があるため、遮光は積極的に行なってよい（写真3―20）。

　しかし、長時間による過度の遮光は、定植後のトマトの光合成と蒸散を抑制し、根の伸長も抑制してしまう。

写真3―20　定植直後の遮光
アルミ蒸着LSスクリーンカーテンの短時間の閉鎖が有効（0.5m程度の隙間をあける）

遮光期間が長くなると、光合成同化養分は茎葉へ多く配分されるが、根への配分が少なくなる試験結果もある。

したがって、苗の活着までは遮光カーテンを利用してよいが、活着以降は極力、遮光を控える。また、使用する時間も、日射の強い十一時から十四時頃までとする。かん水を適正に行なって早めに活着させて、遮光カーテンに長期間頼らないようにする。

写真3―21　導入事例が多い細霧システムノズル（イシグロ農材製）

細霧システムでの加湿

▼活着後の使用は控える

近年、高性能の細霧システムが開発され普及し始めている（写真3―21）。

細霧システムの効果・目的はいろいろとあるが、八～九月ではハウスの温度抑制、加湿による葉の蒸散抑制（しおれ防止）には極めて高い効果がある。

細霧システムの温度抑制効果は、その栽培条件（空気の換気率や湿度）に影響され一定ではないが、一般に晴天日の日中で一～四℃の冷房効果が期待できる。温度が下げられれば、植物の呼吸消耗は抑制されるため、高温期に定植するトマトの草勢維持と花芽の充実に有効である。

細霧システムでの加湿の有無がトマトの蒸散の速度に及ぼす影響を調べた栃木農試の試験結果によると、湿度を七〇%に加湿することで、蒸散量は約半分に抑えられた。こうした加湿処理は、葉からの過剰な蒸散を抑制し、しおれの軽減に有効であり、さらに加湿環境では葉の気孔が開き、光合成が促進されることも明らかにされている。

しかし、活着後も過度に細霧シス

写真3―22　ホルモン処理

左：花の表からの噴霧のみでは、花弁に隠れた蕾に付着しにくい
右：萼側からも両面に噴霧すれば、均一にホルモン剤が付着し、初期肥大がよく揃う

テムを使用し続けると、植物体内の代謝が鈍り、根の張りも悪くなっていく。活着後は使用頻度を下げる必要がある。

飽差値で制御できる機械であれば、飽差設定値は六～九g／m^3と控えめの運転（湿度では七〇％を目安）とし、処理時間も日の出から三時間後～日没二時間前まで程度として、ハウス内の空気が乾く時間を設ける。

生育初期に細霧システムに頼った管理をしていると、トマトは栄養生長に偏り、茎葉が茂った生育となりやすい。完全に活着するまでは積極的に使用してもよいが、それ以降は、細霧システムの使用は控えていく。十一月までは、トマトに適度な乾燥ストレスを与えて、生殖生長に誘導していくことを優先すべきである。

着果処理

▼第一～二花房は確実に着果させる

生育初期は、確実に着果させないとトマトは完全に栄養生長に傾いてしまう。第一～二花房の花は細心の注意を払って確実に着果させる。着果処理には、一般的にホルモン処理（トマトトーン）かマルハナバチを利用するが、第一～二花房は確実に着果させるためホルモン処理とマルハナバチの併用を考えてもよい。

トマトトーンを散布する際のスプレーの向きには、花の表側（柱頭側）

からする方法と、花の裏側（花梗・萼側）からする方法がある（写真3—22）。多くの生産者は、花の表側から柱頭にかかるように散布することと思う。しかし、花の表側から散布すると、薬液は開花中の大きな花には多く付着するが、萼割れ期の花や蕾には少量しか付着せず、肥大のアンバランスや不着果の原因となることがある。花房内で開花の揃いが悪い場合には、花裏から散布するほうが、遅れて咲いた花や蕾まで着果しやすい。したがって、特に第一～二花房の生育初期には、ホルモン濃度は薄めに希釈して、花の表、裏にしっかり付着するように両面からスプレーするとよい。

　また、生育初期の花は生長点に近い位置で咲く。生長点にホルモン剤がかかると、ウイルス病に似た症状のホルモン障害となるため、絶対かからないように注意する。

定植後の温度管理

▼活着までは早めの換気

　換気の設定は、定植から活着までの期間は、しおれを軽減するため、昼の温度は二〇～二三℃前後を目安とする（八～九月定植作型では換気窓は全開設定）。

　暖房の設定は、八～十月定植作型では当然、設定不要だが、暖房が必要な時期や地域では、活着まで一二～一三℃程度を確保し活着を促進する（地温では一八℃程度以上が活着促進の目安）。

▼活着後は温度の日較差を大きく

　活着後は、それまでの温度管理と変更する。

　活着後の温度管理のポイントは、温度の日較差を大きくして生殖生長に傾けることである。具体的には、昼間で二五～二六℃前後、夜間で一〇℃前後が目安となる。

　温度の日較差が大きいほど生殖生長に傾けることができるため、栄養生長に傾いた「樹ボケ」の予兆があれば、昼の最高温度はさらに高めて二八℃程度とすることも有効である。

4 第三花房開花期から収穫期の管理

温度管理

▼昼間は高めに、夜温は低めに

第三～四花房開花期は着果負担がないために栄養生長に傾きやすい。生長点の一五cm下の茎径が一・二cm以上、開花位置が一五cm以上であるならば、樹を落ち着かせるために、昼間の温度は二五～二八℃程度の高めの温度管理でよい。

通常、果実がピンポン玉以上の大きさに揃ってくる第三～四花房の開花期以降は、トマトは自然に生殖生長に傾き、生育が落ち着いてくる。この時点で、生長点の一五cm下の茎径が一・〇cm、開花位置が一〇～一五cmと適正範囲であるならば、昼間の換気設定は、午前中二三℃、午後は二〇℃を目安に管理していくとよい（26ページ参照）。

果実の肥大が進んでくると、午前中の果実に結露水が付着するようになる。この段階からは、厳寒期の温度管理に切り替え（28ページ参照）、午前中は一時間に二℃の緩やかなペースで温度を上げ、十一時を目安に昼のピーク温度二三℃程度とし、午後は高温を維持し、夕方に換気を行なう。

八～九月定植の作型では、夜間も高温である。このため、暖房機をセットしないまま秋を迎える。

十一月頃に暖房の準備をするが、加温は極力行なわず、夜間も換気窓を開けて一〇℃前後の低温にできるだけ遭遇させることで、地下部の生育を優先して、長期多段どり栽培の土台づくりを行なう。

かん水

▼本格的にかん水を始める

定植後、しおれ症状がある場合は少量のかん水を行なうが、本格的なかん水開始は、第三～四花房の開花期以降とする。

この頃、第一果房の幼果はピンポン玉大になっているが、ピンポン玉大の果実は光合成の同化養分を溜めるシンク能が高く、養分を多く引き寄せる。

同化養分を強く引き寄せる果実をつけたことで、葉や茎が過剰に生長する心配が少なくなるため、安心してかん水を始められる（写真3―23）。

まず一株当たり一〇〇〜二〇〇cc程度の少量かん水を一回行ない、一〜二日間その反応を見る。

▼かん水の反応は朝の生長点で見る

かん水の反応を見るには、毎朝同じ時間に生長点部分を株の頭上から見て、中心の淡い黄緑色部分の大きさで判断するのがよい（写真3―24）。一般に、生長点部分が直径一〇cm以上を超えて淡くなっていれば、水分は多すぎるかもしれない。この毎朝の観察は、トマト栽培の上達のためには必須である。それぞれが毎日観察することで、かん水量の多少の判断力が身についてくる。

かん水への反応は、夕方の生長点部分にも現われる。写真3―25は、かん水が多すぎた場合の夕方に現われる反応で、生長点付近が縮れ、丸まる。ただし、この反応は昼の天候によって左右される。昼に十分な日射があり、葉から蒸散し、根の吸い上げ能力（根圧）が高まった日の夕方に強く現われる症状である。晴天日の夕方は、根の根圧は維持されており、いっぽう、夕方、暗くなってくると、葉の気孔が閉じられ、吸い上げた水の行き先はなく

写真3―23　ピンポン玉大の果実を着果させたら、かん水を開始

写真3―24　朝の水の多少の判断ポイント
頭上から観察。毎日、上部から見て、淡い黄緑部分の割合を観察する

写真3―25　夕方の水の多少の判断ポイント
側面から観察。夕方の過度な生長点の葉巻き

なる。すると植物体内は膨圧状態となり、生長点部の柔らかい部分の細胞が膨圧となり、縮れ症状を呈すると考える。

しかし、昼に日射が少なかった日は、夕方の葉の縮れや丸まり症状は少なく、代わりに日中から葉露（溢液）が多くなる傾向がある。かん水の多少の判断をするには、夕方に判断するのは難しく、基本は朝の観察で判断するとよい。

写真3―26　葉露の発生

葉露は根がしっかり張った証拠だが、多量に出るのは土壌水分が多すぎる

当然であるが、茎が太くなってきたり、節間が伸びすぎたりすれば、かん水は不要であるし、葉露が多く出るようであれば、なおのことかん水は不要である。朝夕に葉露がたびたびあるような水分管理では、樹ボケ、異常主茎の発生の原因にもなるので注意する（写真3―26）。

摘葉

▼樹ボケ対策に

栄養生長過多で樹ボケの兆候が見えたときには、摘葉するとよい。

葉を除去すると、トマトは短期的な植物反応として、葉からの蒸散が減るため、生長点へ水が多く供給されやすくなり、摘葉後二～三日は樹が強くなる（生長点のボリューム感が出る）。しかし、長期的な植物反応としては、光合成同化養分が減少するため、樹は弱まる傾向となる。

▼中段の葉を半分摘葉する

栄養生長過多「樹ボケ」の兆候が見えたときには、中段の摘葉（剪葉）が特に有効である。樹ボケ状態では、葉が繁茂し、重なり合うと、葉はますます葉面積を大きくしようとする。こんなとき、重なった葉を除去し、特に花房に光が当たるように中段の葉を一度に三～五枚程度、半分に切除してやると、トマトは確実に生殖生長に傾いていく（図3―5、写真3―27）。

▼下葉かきは急がなくてよい

下葉の摘葉は、あまり急ぐ必要はない。急いで除去しても、草勢を落ち着かせる効果も少ない。果実肥大促進のためにも、第一花房の下二枚の葉は果

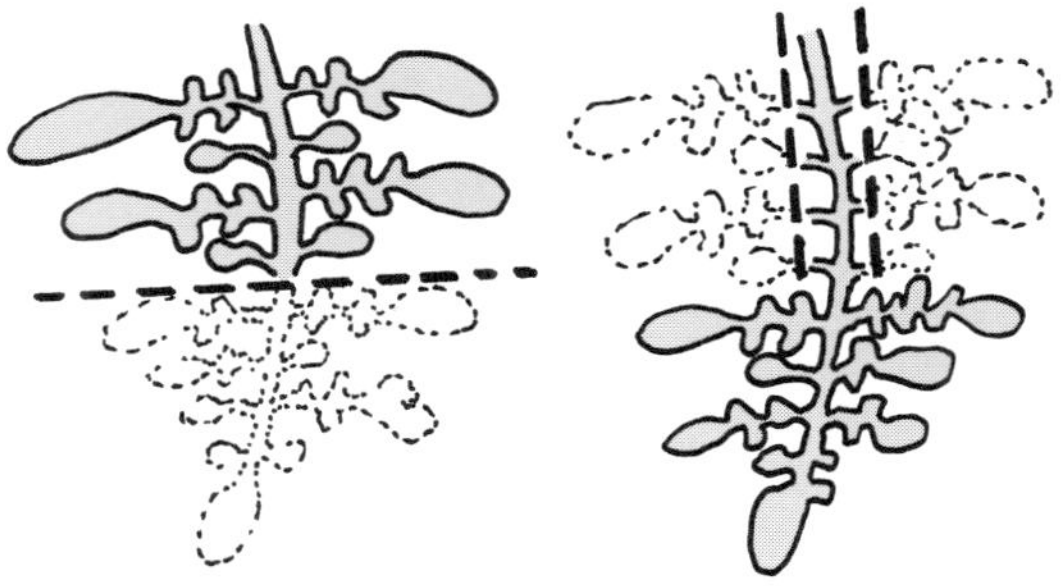

図3—4　摘葉方法

左右の方法のどちらでもよく、花房に光が当たるように積極的に摘葉（半分摘葉を3枚程度）するとよい。強めに摘葉すると確実に生殖生長に傾く

実収穫まで残しておくとよい。

ただし、マルチの展張など作業上の都合や、病害虫の軽減のためであれば、下葉を早めに取っても差し支えない。

写真3—27　摘葉による生殖生長促進

花房に光が当たるように強めに部分摘葉する

追肥

▼反当チッソ一・五〜二・〇kgで開始

第四花房開花期頃から追肥を始める。

施用量は、一〇a当たりチッソ成分一・五〜二・〇kg程度でスタートする。成分の割合は、チッソ成分よりカリ成分が多めで、リン酸は少なくする。たとえば、大塚養液土耕2号：肥料成分N—P—K%＝14—8—25を用いて、一〇a当たり一袋（一〇kg）が適切な追肥となる。

しかし、地下水位が高い圃場では、葉色が淡くなっても水を与えたくないため液肥による追肥はやりにくい。こ

写真3—28　ペースト肥料のかん注

かん水なしで肥効が得られる

の場合は写真3―28のように、水なしで肥効が期待できるペースト状肥料のかん注が便利である。たとえば、園芸サスペンジョン1号：肥料成分N―P―K％＝10―10―10を一〇a当たり一五kg施用する（ペースト肥料は成分バランスのバリエーションが少ないため、三要素等量の1号を利用）。

摘果

▼ピンポン玉大では遅すぎる

古くから摘果の重要性は認識されているが、その目的は、主には商品価値のないムダな果実を減らすためであったように思う。これには、従来のトマト品種は、チャック果、窓あき果、空洞果など不良果の発生比率が非常に高かった背景があると思われる。このため摘果のタイミングは、果実の形状が容易に判断できる時期、果実がピンポン玉大になってから、不良果を中心に取り除く方法が一般的だった。

しかし現在は、品種改良が進み、栽培施設装備の能力も向上して果実品質は安定し、特にチャック果や窓あき果の発生比率は非常に少なくなっている。

トマトの長期多段どり栽培では、長期にわたって安定した草勢、生育バランスを保つ必要があり、常に安定した着果量を維持することが求められる。肥大中の果実は、光合成同化養分のシンク能としても重要な役割を果たす。その果実の数をあまり上下させないことが、安定した花芽形成、果実品質、光合成を維持するため大切である。

仮に、着果量が一時的に過大になれば、当然生殖生長が過剰となり、生育はいずれ弱くなり、果実に適正な同化養分が送れず小玉化し、空洞果が発生するなど収量・品質に大きく影響を及ぼす。反対に着果量が少なすぎれば、栄養生長過多、草勢過剰となり、樹ボケ、乱形果などを多発させたりする。こうしたことのないように早めの摘果（花）処理を行なう（写真3―29）。

▼蕾か花の状態で四個に

一花房当たりの着果数は、品種や栽植密度などで異なるが、大玉トマトであれば一花房当たり四個がよい。

生育初期の草勢過多を抑えるために、第一～二花房のみ一花房当たり五～六個着果させて着果負担で草勢を抑える方法もある。しかし、第一～二花房にたくさん着果させてしまうと、第五～六花房開花時の着果負担が極端に大きくなり、草勢が急激に低下する。結果として後半の収量減につながりやすい。

やはり着果数は、一花房当たり四個を基準として、草勢が落ちた場合に一花房当たり二～三個に制限するのがよ

写真3—29　摘果（花）

左：積極的に花を落とす、右：花梗が伸びた先の花はあきらめ、次の花房で果数を確保する

い。

摘果のタイミングは、昔のようにピンポン球大まで待っていては遅すぎる。ピンポン玉になるまでの同化養分がムダであるし、大きくなった果実は心理的にも取りにくくなる。摘果のタイミングは、主に蕾か花の状態で切除することを基本とし、遅くてもパチンコ玉大までに摘果するとよい。

また、花梗の元のほうに二個程度が着果し、その花梗が長く伸びた先に着果した先玉はあきらめることも必要である。先玉は同化養分の供給も少ないため小玉になることがほとんどである。さらに果実肥大速度、着色も極端に遅いため、軟化玉にもなりやすい。早めにあきらめて摘果し、次の花房で着果数を確保するほうがよい。

マルチの展張

▼早いと上根、遅いと果実結露

冬期のトマト栽培のマルチは、地温の上昇、雑草防除、土壌水分の安定、肥効の安定などが目的である。一般に土耕の長期多段どりは無マルチで定植し、後にマルチを展張するが、展張のタイミングには考慮すべき点がある。

促成作型でマルチの展張を早めると、土壌水分がマルチ直下に集中し、根が上層に張る傾向（上根）となる。上根になると、急激な寒さにより表層の根が枯死し、葉先枯れの発生や果実の小玉化など生育への悪影響が大きいとされる。このため昔から、促成作型ではマルチの展張をできるだけ遅らせてきた（写真3—30）。

図3—5に、マルチの展張の早晩による生育への影響をまとめた。マルチ

の展張を遅らせると、上根は防止できるが、土壌からの水分蒸散で夜間～午前中の空中湿度が高まる。早朝～午前中に空中湿度が高まると、果実の結露が多くなり、果実の灰色かび病や茎えそ細菌病の発生の危険が高まる。上根を気にしすぎて、過剰にマルチの展張を遅らせることにも弊害がある。

写真3―30　9月定植の作型で、マルチの展張を遅らせている例

▼第四花房開花期までには展張

これらのことから、促成作型を含めて長期多段どり作型では、果実結露が始まる時期（または第四花房開花期）までにはマルチを展張するとよい。

マルチの展張を遅らせると……

- 土壌表面は乾き、根は深く張っていく ──→葉先枯れ防止になる
- 空気中の湿気が増える
- 葉露は多く発生する
- 茎えそ細菌病、灰色かび病は増える

⇕

マルチの展張を早めると……　（低温管理は不向き）

- 土壌表面は湿り、根は浅く張っていく ──→葉先枯れの危険あり
- 根域の温度は上がるため根量は増える
- 空気中の湿度は下がる──→葉はコンパクトになる。葉露少ない
- 茎えそ細菌病、灰色かび病は減りやすい

図3―5　マルチ展張の早晩による生育影響

しかし、マルチ展張が早いと上根傾向になることは避けられない。地温低下による吸肥力の低下を防止するため、地温計を地下一五cmに挿入し、常に一五℃以上であることを確認し、一五℃を下回るようであれば、暖房温度を上げることも必要になる。

暖房、CO_2兼用ダクトの配置

第2章（42ページ）で述べた通り、CO_2の施用におけるCO_2ガスの噴出方法は、暖房用の子ダクトを活用して、葉の近くでガスを放出する方法がよい。

その際、ダクトが作業の邪魔になってしまってはならない。そこで子ダクトは条間の中心を通して、作業通路にはダクトを通さないようにする。ただし、トマトの茎の重さで子ダクトがつ

写真3―31　子ダクトのつぶれ防止の細工

左：塩ビ管での補強、右：パイプで茎の持ち上げ

写真3―32　暖房、CO_2施用兼用ダクトの配置例

ぶされないように、端の茎旋回部分にちょっとした細工をするとよい（写真3―31）。

さらに作業の効率化を図るため、親ダクトを頭上の高い位置に吊り上げ、子ダクトを条間に向けて緩やかに垂らす事例もある。このことで高所作業車や収穫コンテナ台車の旋回もラクにでき、また女性が苦労して大ダクトをまたぐこともなくなり、作業の効率化に有効である（写真3―32）。

定植前後の作業工程の流れを図3―7にまとめた。

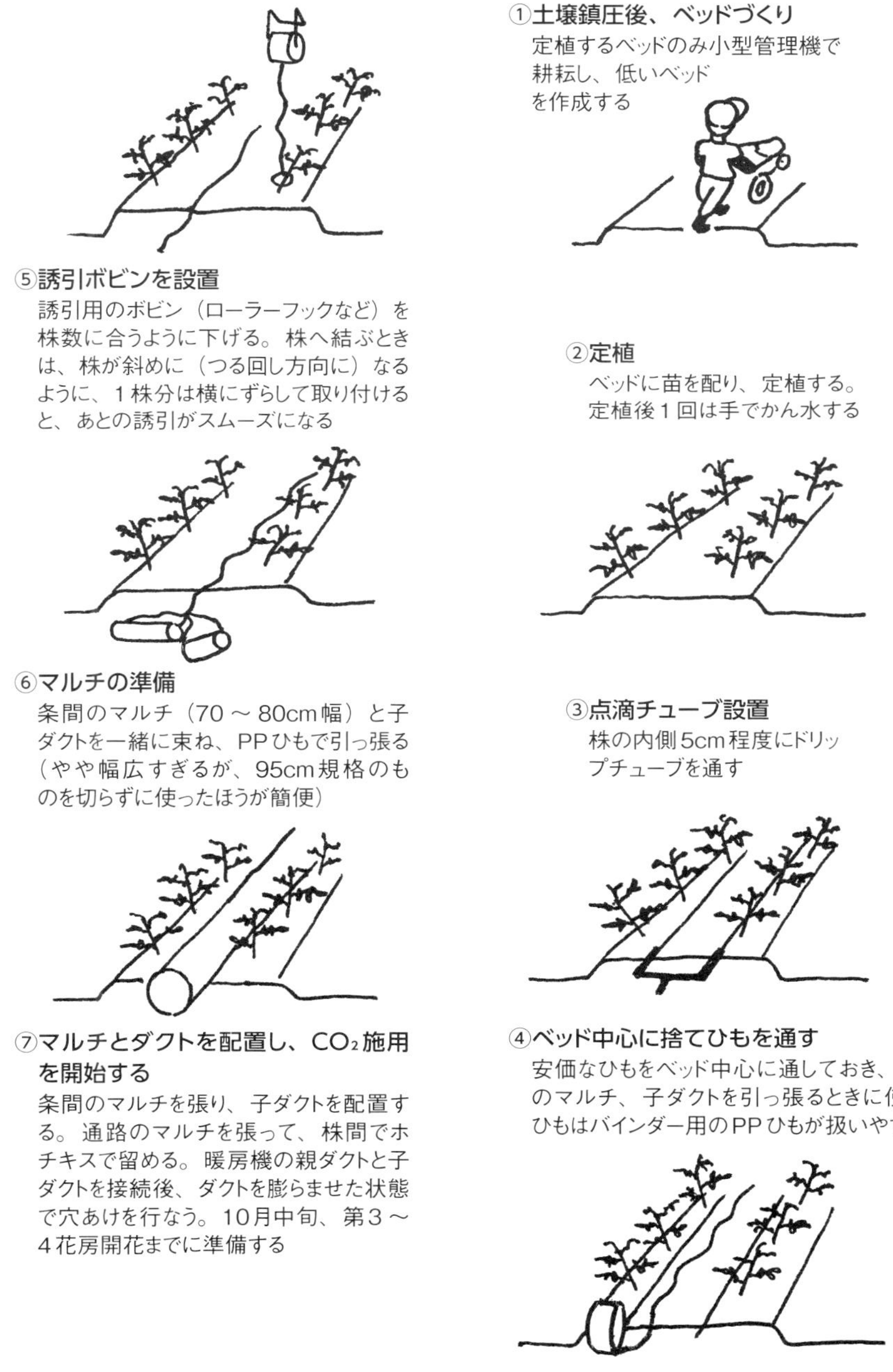
①土壌鎮圧後、ベッドづくり
定植するベッドのみ小型管理機で耕耘し、低いベッドを作成する
②定植
ベッドに苗を配り、定植する。定植後１回は手でかん水する
③点滴チューブ設置
株の内側5cm程度にドリップチューブを通す
④ベッド中心に捨てひもを通す
安価なひもをベッド中心に通しておき、あとのマルチ、子ダクトを引っ張るときに使う。ひもはバインダー用のPPひもが扱いやすい
⑤誘引ボビンを設置
誘引用のボビン（ローラーフックなど）を株数に合うように下げる。株へ結ぶときは、株が斜めに（つる回し方向に）なるように、１株分は横にずらして取り付けると、あとの誘引がスムーズになる
⑥マルチの準備
条間のマルチ（70～80cm幅）と子ダクトを一緒に束ね、PPひもで引っ張る（やや幅広すぎるが、95cm規格のものを切らずに使ったほうが簡便）
⑦マルチとダクトを配置し、CO_2施用を開始する
条間のマルチを張り、子ダクトを配置する。通路のマルチを張って、株間でホチキスで留める。暖房機の親ダクトと子ダクトを接続後、ダクトを膨らませた状態で穴あけを行なう。10月中旬、第３～４花房開花までに準備する

図3—6　定植前後の作業のまとめ（低めベッドを作成する場合）

5 生理障害

トマトの生理的な障害は多種多様であるが、ここでは長期多段どりトマトで特に問題となる生理障害を抜粋して解説する。

着色不良果
果実を強日射にさらさない

着色不良果は、果実の萼の付近にリコピンが生成されず黄色に変色した不良果で、黄変果とも呼ぶ（写真3—33）。

主たる原因は、赤色色素のリコピンと黄色色素のβカロテンの生成適温の差で生じる。リコピンは温度一二～三二℃の範囲を超えると生成が抑制され、最適温度は二〇～二五℃とされている。いっぽう、黄色色素のβカロテンはリコピンに比べ生成適温が広いため、リコピン生成の適温を外れた場合に、黄色に着色した果実ができてしまうのである（図3—7）。

実際、着色不良果の発生は、五～六月以降に果実が強日射にさらされる高温条件で増える。

写真3—34は、二月の晴天日の果実温度の熱画像であるが、ハウス気温が二五℃程度であっても、直射日光を受けた果実は三〇℃以上に蓄熱することがよくある。二～三月頃、日射が強くなる時期には着色不良果に十分に注意しなくてはならない。

また、まれではあるが、十二月～翌年一月頃に曇雨天が続き、果実温度が上がらない低温条件でも着色不良果が発生することがある。

対策としては、果実温度をリコピン生成の適温範囲内にすることである。

具体的には、高温期には遮光カーテンを利用して太陽の放射熱を遮断し、腋芽の葉を果実の日除けに利用するなど、できる限り果実温度を二五℃に近づける。

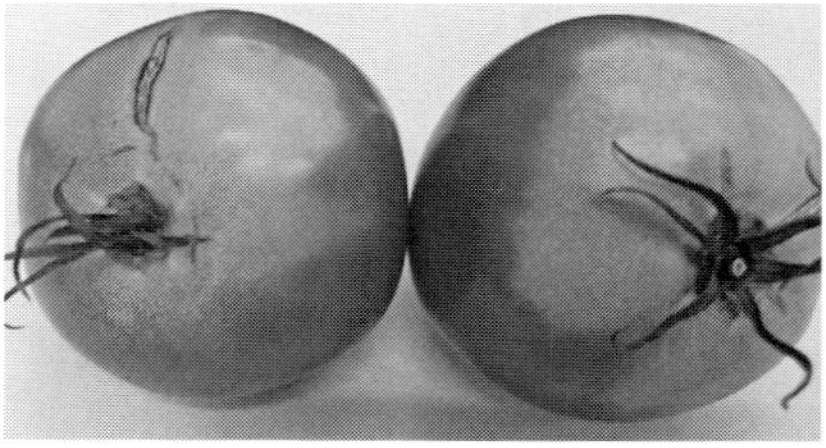

写真3—33　黄変果
（写真提供：松本佳浩）

図3―7　リコピンとβカロテンの生成温度

低温期には、果実に光がよく当たるように摘葉や玉出しを行ない、昼間をやや高めの温度設定にするなど、果実温度が二〇℃以上になる時間帯を多くすることが必要である。

空洞果
光合成産物の転流不足

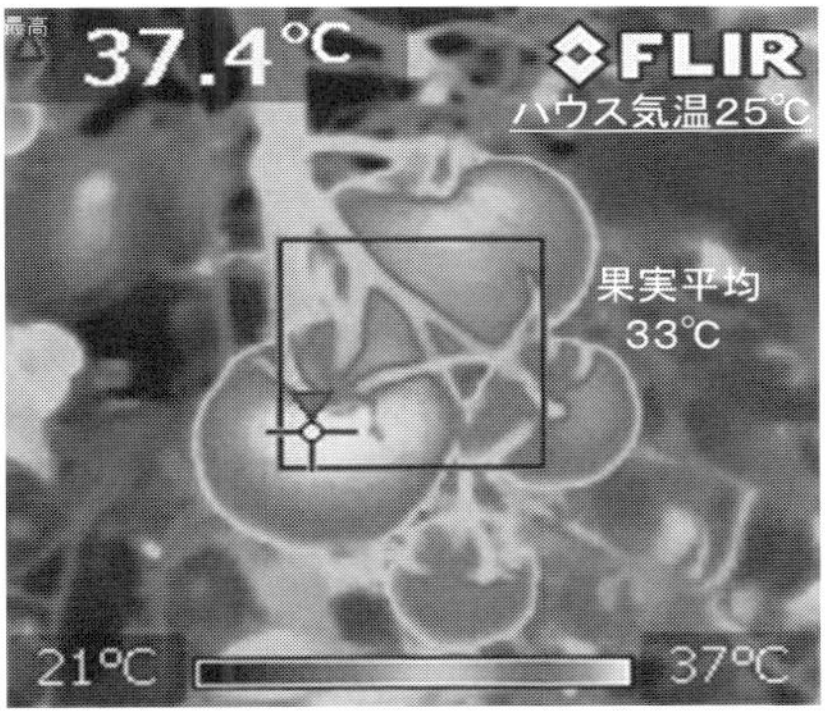

写真3―34　果実の熱画像

写真3―35　空洞果

空洞果は、果実が円形でなく、果実のゼリー部が空洞となった障害果である。一般に食味が悪く、外見からも商品価値が低下する（写真3―35）。

主な原因は、果実の肥大能力に対して光合成同化養分の転流が不足することである。トマトの花の細胞数は果実肥大の潜在能力と等しく、花芽分化から開花までの期間で九五％が決定する。

長期多段どり作型では、九～十一月

は比較的豊富な日射環境で光合成が盛んに行なわれ、花芽は充実し、果実の肥大能力が高くなる（器は大きくなる）。しかしその後、十二月〜翌年一月になると日射量は減少し、肥大中の果実（大きな器）に送る光合成同化養分の供給が不足するため、結果的に空洞果となってしまう。

　対策としては、十一〜十二月に摘果を徹底して肥大中の果実数（器の数）を制限すること、低日射期でも光合成量を維持するため昼間にCO_2施用を行なうこと、果実への転流を促すため果実へ太陽光が当たる摘葉・玉出しを行なうこと、過度の呼吸消耗を抑制するために二十二時以降の後夜半の温度を低めに設定することである。

　また他の作型でも共通するが、過剰な草勢、栄養生長過多（過繁茂）にしない。そのためにかん水を控え、昼夜の温度差を大きめにして生殖生長を促す。

　着果処理では、ホルモン剤（トマトトーン）の処理濃度が高すぎる場合に空洞果が多くなるため、極力適正なホルモン処理をすること、さらにはマルハナバチ利用や、振動受粉など、受精を確実に行なうことで空洞果を減少させることができる。

ツヤなし果

草勢を抑え、低温を避ける

　ツヤなし果はザラ玉、石玉とも呼ばれる。果皮にツヤがなくなるクズ果で、厳寒期〜暖候期に発生することがある（写真3—36）。しかし、その発生のメカニズムは未解明な部分が多い。

　発生の危険が高まるのは、低日射条件で低温管理を行なった場合や、ホルモン処理の濃度が薄い場合などである。また茎が太い過剰な草勢や栄養生長過剰の場合にも発生が多くなる。さらに品種の違いによる発生の多少も見られる。

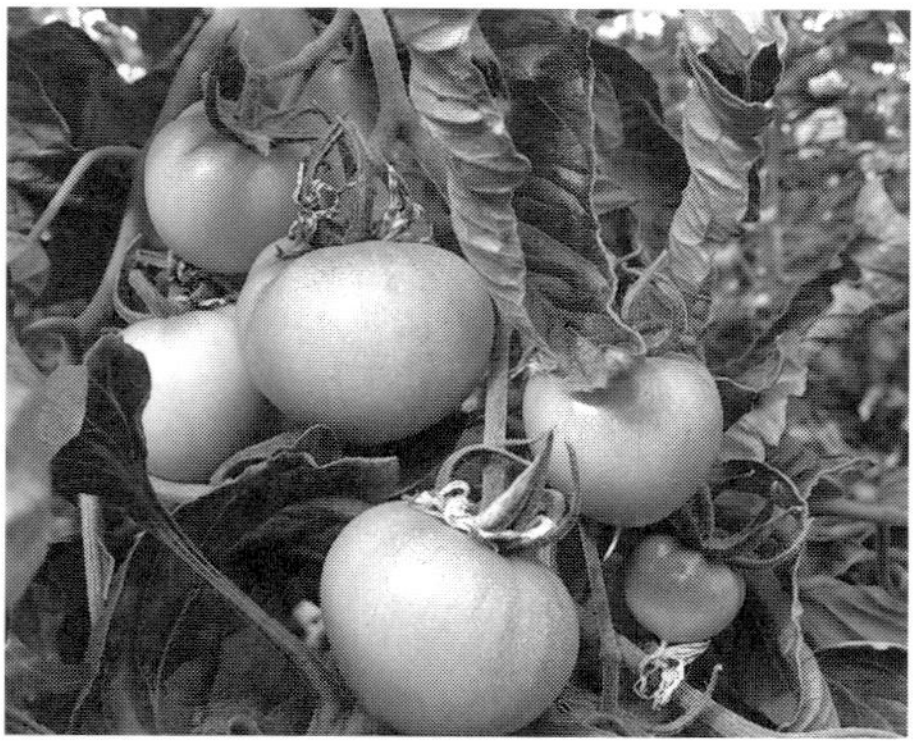

写真3—36　ツヤなし果

　筆者が行なった、ツヤなし果の果皮表面のマイクロスコープ観察では、正常果は丸形の表皮細胞が並んでいるのに対し、軽度のツヤなし果の表面は表皮細胞のあいだにところどころ亀裂が

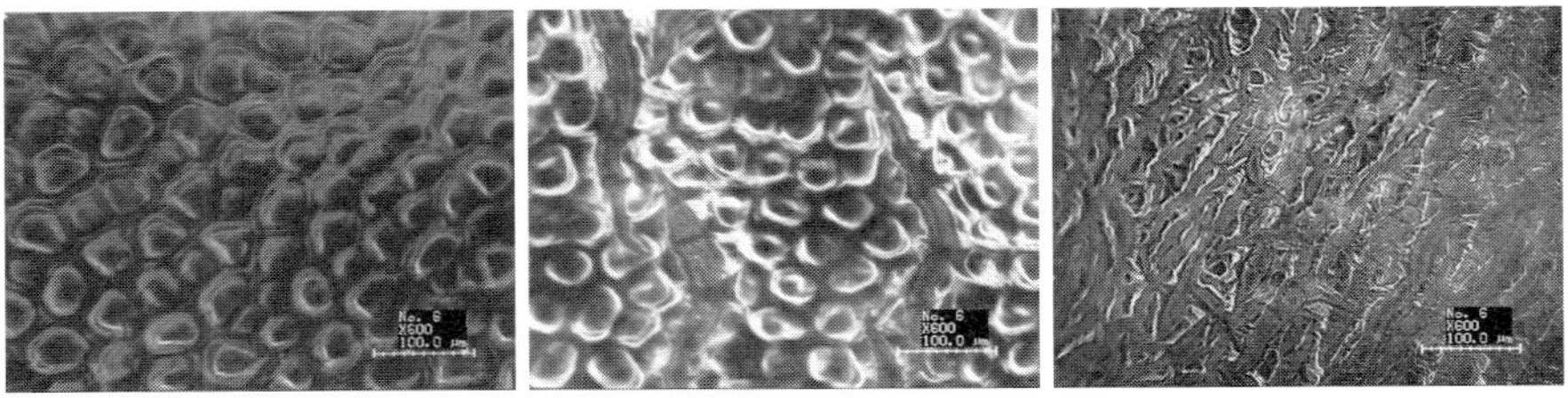

写真3―37　ツヤなし果と正常果の表皮（マイクロスコープ600倍）　（吉田、2012）
左：正常果、中：軽度のツヤなし果、右：重度のツヤなし果

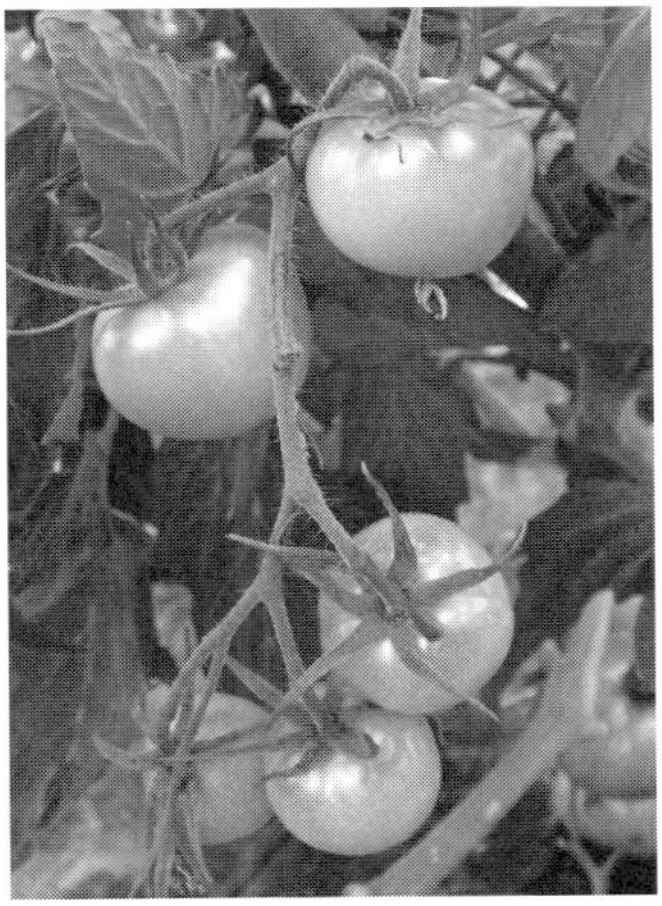

写真3―38　幼果のときのヒカリ玉
あとにツヤなし果になる果実

入っていた。重度のツヤなし果の表面には、表皮細胞が確認できないほどに亀裂だけが見える（写真3―37）。これらの亀裂が光の反射を阻害し、ツヤがない果皮となっているようだ。ツヤなし果の表皮細胞には亀裂が入っているという報告もいくつかある。

　通常、正常果となる果実は、小さな三〜五cmの果実の段階ではツヤがない。しかし、ツヤなし果となる果実は、小さい果実の段階でツヤがあるヒカリ玉である（写真3―38）。

　筆者が推察するに、ツヤなし果の発生要因は、低温やホルモン処理の不良などによって、花芽分化から受精時に何らかの異常で表皮を形成する細胞数が少なくなることだと考える。このことで小さな果実のうちからヒカリ玉になり、肥大期に肥大しきれなくなると表皮に亀裂が入るのではないかと推察する。

　ツヤなし果の防止対策は、草勢を抑え、生殖生長を保つこと。併せて夜間の低温管理をしないこと、昼間は高い温度を確保すること（曇雨天日の昼間加温が有効）、着果処理を確実に行なうことなどである。ツヤなし果が一度発生すると二〜三段花房で続くことから、一部の株で少しでも発生したなら、前記の対策を早急にとることで被害を軽減できる。

尻腐れ果
絶対にしおれさせない

尻腐れ果は、果頂部の付近が水浸状となるか、褐色~黒色となって陥没する（写真3―39）。

発生要因はカルシウムの欠乏による細胞壊死であるが、土壌中のカルシウムが不足していることは少ない。土壌中にカルシウムは十分あるにもかかわらず、果実や生長点までカルシウムが十分供給されないことで発生する。

カルシウムは、チッソやカリウム、マグネシウムなどと異なり、植物体内で相互の移行がほとんどなく、根から吸い上げる水と一緒に、消費する部位へ導管を通じて直接供給される。

いっぽう果実への水分は、導管を通じることは少なく、大半が師管を通じて光合成同化養分と一緒に供給される。このため、トマトの果実は常にカルシウム欠乏、尻腐れ果の発生の危険がつきまとう。

写真3―39　尻腐れ果

尻腐れが最も急増するのは、曇雨天が二~三日続いた後の晴天日にしおれ症状が出たときである。根の根圧が不足して水分の吸い上げが緩慢になり、さらに乾いた風の流入などで蒸散が激しくなりしおれ症状が出ると、その三~四日後に尻腐れ果が目立つようになる。このしおれ症状を見逃さず、必要によりかん水、遮光カーテン、細霧ミストの噴霧でトマトを絶対にしおれさせない管理を意識することが大切である。

また、まれに空気中の相対湿度が一〇〇%近い過剰な高湿度環境（飽差一g／m^3程度）だと尻腐れ果が発生することがある。高湿度環境では、葉の気孔が開いていても、葉から水分が蒸散されない。このような条件では植物体内の水分代謝が鈍り、生長点にカルシウムが供給されなくなり、尻腐れ果の発生につながる。

日焼け果
五~六月の強日射で発生

日焼け果は、高温による表皮、果壁

組織の壊死による障害果である（写真3―40）。

果実には気孔がないため、太陽の放射熱を受けるとどんどん蓄熱する特性がある。特に五～六月に日射が急に強くなる時期には、果実の温度が四〇℃以上になることがあり、日焼け果が発生しやすい。

写真3―40　日焼け果

発生が多いのは緑熟期の果実で、グリーンバック（へたまわりの緑色）部分に発生しやすい。果実の肥大が進んで着色期が近づくと日焼け果にはなりにくい。これは、果実肥大が進むと高温から身を守るタンパク質（ヒートショックプロテイン）が生成されやすいためと考えられている。

写真3―41　異常主茎　（写真提供：松本佳浩）

日焼け果の対策には、遮光カーテンの利用、被覆資材への遮光ペンキ資材の塗布、細霧システムによるハウス温度の抑制が効果的である。

異常主茎
第二～四花房開花期が危険

異常主茎（メガネ）は、茎の形状が太く平たくなり、茎の中心に穴があく生理障害である（写真3―41）。重症になると、主茎の先端が壊死、芯止まりとなることもある。

異常主茎の発生が多くなる条件は、土壌水分が多い圃場に定植され、活着がよすぎる場合や、涼しい環境条件で呼吸消耗が少ない場合、着果負担（光合成同化養分のシンク能）が少ない場合などである。特に発生の危険が高まるのは第二～四花房の開花期で、葉の展開枚数は多くなって光合成のソース能が高まるいっぽうで、まだ着果負担（シンク能）が少ないときに多発することがある。

対策としては、土耕栽培では乾きぎみの土壌水分（pF二・〇以上）に調整して定植すること、定植する苗の開花ステージを遅らせること、確実に着果させることなどである。

異常主茎の予兆が見えた場合には、昼の温度を高めに管理して生殖生長を促すこと、強めの摘葉（中段葉の部分剪葉）をすること。さらには前夜半の温度を高めに管理し、生長点付近の同化養分を転流させること、高夜温により意識的に呼吸消耗を強めることも有効である。

台風の接近など、低気圧が通過すると、葉露が急に発生し、その後に異常主茎が多発することがある。天気予報で低気圧の接近が予想される場合には、あらかじめ土壌水分を控え、温度管理を高めにするとよい。

カリウム欠乏症
チッソの倍のカリ追肥を

カリウム欠乏症（葉先枯れ）は、第五花房開花から果実の肥大期、地温の低下期に発生することが多い。

症状は、中段葉を中心に葉の先端部～葉縁が黄化し、症状が重くなると葉の内側まで黄化し、やがて褐色化、葉縁が焼けたようになる（写真3―42）。

トマトの果実肥大期の肥料吸収は、チッソに比べカリウムが格段に多くなる。果実肥大の盛んな時期には、単純に土壌中のカリウムが不足し、欠乏症の要因となる事例も多い。カリウムは根から植物体内へ直接供給されるほか、植物体内で相互に移行しやすい特性がある。果実で多くのカリウムが消費されるため、近くの葉から果実へカリウムが移行する結果、中位葉を中心にカリウム欠乏が発生する。

写真3―42　カリウム欠乏症

また、マグネシウムやカルシウムなどが過剰に蓄積している土壌では、塩基の拮抗作用でカリウム欠乏の発生が多く見られる。さらに根域の温度（地温）が低下している条件で、カリウムの吸い上げ能力が低下すると発生を助長させる。

対策は、第五花房開花期以降は、チッソとカリウムの比率が一対二程度のカリウム配分の高い肥料で追肥を行ない、土壌分析により塩基バランスを整えておく。

長期多段どり栽培では、十二月～翌年一月の厳寒期に地温の低下にともなってカリウム欠乏の発生が多くなる。まだ地温の温かさが残る十～十一月に、暖房稼働を控えて夜間の温度を低めに管理しておくことで根を深くまで伸長・充実させ、厳寒期の地温の低下にも耐える生育バランスをつくっておくことも重要である。

写真3—43　苦土欠乏症

苦土欠乏症
葉の光合成が抑制される

苦土（マグネシウム）欠乏は、下位葉を中心に発生し、葉脈間が黄化～白化する（写真3—43）。苦土は葉緑素の構成成分であるため、欠乏すると葉緑素自体が消失してしまう。葉緑素が消失すれば、葉の光合成能力が抑制されるため、苦土欠乏症は防止しなければならない。

対策は、カリウム欠乏と同様で、塩基バランスを整えることが重要である。また苦土欠乏の発生を助長させるカリウム資材の過剰追肥には注意が必要である。

硫酸苦土などの葉面散布は、苦土欠乏の防止、葉色を濃く保つために非常に有効である。通常の薬剤散布の際に苦土資材を薄めに加えることで十分に効果が発揮される。ただし、銅剤など殺菌剤の種類によっては薬害の危険もあるので注意する。

葉巻き
CO_2施用ハウスで発生が多い

葉巻き症状（老化）は、特にCO_2を施用しているハウスで発生が多い。ハウスの最も日当たりのよい南側の株を中心に、下位～中位葉が内側に巻き、葉が苦土欠乏に似た黄化斑を呈し、その周囲にアントシアンを発現させることもある（写真3—44）。

原因は、光合成の同化養分が多量に生産され、転流しきれない炭水化物が

写真3―44　葉巻き症状（葉の老化）
左：アントシアン発現、右：葉巻き症状

葉に蓄積することである。葉ではクロロフィルの分解が進み、老化が進行する。老化した葉は巻きあがり、受光体勢になく、光合成能力が極端に減衰する。

対策は、午後～前夜半の温度管理を高めて転流を促進すること。また着果数を多く確保して光合成のシンク能を高めることが有効である。また、夜間に低温となっている場所に発生が増えるため、夜間のハウス内の温度にムラがないようにハウス内の温度を再確認したい。

6 主要病害虫

近年は、トマト品種の多様化や作型の長期化、さらに温暖化など気象の変化も相まって、病害虫の発生のタイミングや症状もさまざまになっている。

特に病害の疫病、かいよう病、青枯病は感染力が強く、ときにはハウスを全滅にする危険もある。一度発生させてしまうと、被害がいつ収束するのか先が見えず、精神的なダメージも非常に大きいため、日頃から発生の防止に気をつけなければならない。

ここでは、長期多段どりトマトで発生する代表的な病害虫について、その特徴と発生を防止するポイントを中心に述べていく。

疫病
ハウス内に霧を発生させない

疫病の初期症状は、葉に不規則の水浸状の病斑を生じる。降雨時などの多湿環境では、病斑の表面に白色のビロード状のかびを発生させた後、病斑が大きく広がり、暗緑色化し、近隣の株へ伝染していく。茎、葉柄、果実表面へも褐色の病斑を生じる（写真3−45）。激発すると生長点は萎凋、やがて株は枯死する。疫病はトマトの最も代表的な病害の一つで、対応を誤るとハウスを全滅させることもある。

疫病の病原菌は糸状菌であるが、空気伝染は比較的少ない。作業者の手袋や衣服、ハサミによる伝染が多く、そのほか、雨水の吹き込みやカーテン結露水の落下など、水を介した拡大が多い。

特に注意が必要なのが、十一月中下旬～十二月中旬の夕方に起こりやすい、ハウス内部の霧の発生である。ハウスの空気が暖かいまま夕方にカーテンを閉めると、空気が冷えることで露点に達して霧が発生し、疫病を蔓延させる。ハウス内の霧は発生させてはいけない。

疫病が発生してしまった場合の防除対策は、ハウス環境を乾燥させることを優先する。以下の四つがポイントである。

①暖房機を稼働しやすくする

夜間は保温カーテンに隙間をあける。時期によりカーテンは全開とし、天窓も開ける。曇雨天日の昼間は一

写真3—45　疫病の症状

左：葉の水浸状の病斑、中：病斑の表面にビロード状のかびが発生、右：葉柄の黒変とトロケ

六℃以上の昼間暖房を行なう（ときおり、わずかな換気も加える）。

②夕方にしっかり換気をする

夕方、日没の三〇分前頃、換気をして湿気を排出する。暖かい空気を外に抜く習慣をつける。

③かん水はやや控える

かん水は葉露が出ない程度にする。過剰に控えると尻腐れや草勢低下となるため注意する。

④病斑部分を取り除いた後に薬剤散布を行なう

晴天日の午前中に薬剤散布し、その日のうちに乾かす。病原菌は葉裏の気孔から侵入することが多いため、葉裏に薬剤がかかるようにていねいに散布する。

かいよう病
環境制御で発生しやすくなる

かいよう病の初期症状は、中段の葉先が垂れ下がる。数株続けて同様の症状が見えて気がつくことが多い。症状が進むと葉は枯れ上がり、生長点はしおれる（写真3—46）。茎の内部は、水の吸い上げができないことで空洞になる。最終的には株が枯死する。

病原菌の伝染経路は、以前は種子伝染が多いと考えられていた。しかし現在では、病原菌はすでにトマトの主産地に広く存在しており、作業者の衣服や農具類によるハウスへの持ち込みが

写真3—46　かいよう病の症状

左：初期症状（写真提供：松本佳浩）、右：連続した株で発病

写真3—47　下足の塩素消毒

ハウスの出入り口に設置

多いと考えられる。したがって、ハウスの出入り口での塩素系漂白剤による下足消毒や、農具類の消毒が最も基本的な防除対策となる（写真3—47）。

かいよう病は、発病初期に発見できれば被害は最小限に治まるが、発見・診断が遅れると、ハサミや作業者の手袋などでハウス全体に広げてしまうことがある。ときにはハウス全体を廃作にしてしまうこともあるため、甘くみてはならない。

以前に発病したことのあるハウスでは、土壌伝染を防止するため土壌消毒が必須となる。また栽培資材やハウス骨材のホコリなどにも病原が残って感染するため、ハウス全体を太陽熱で熱処理する。剪定・収穫ハサミの消毒も重要で、毎日の作業前の消毒はもちろん、作業ウネごとにエタノールか塩素系の消毒剤で消毒するとよい。

薬剤の散布は、予防を目的とした銅剤の散布が基本である。だが薬剤による治療効果はあまり期待できない。

被害が大きくなりやすいのは、秋口である。定植後に湿度が高い秋雨の時期には特に注意し、十月以降～年内は月一回以上の銅剤の予防散布が必要である。

かいよう病の発生適環境は、やや高

写真3―48　青枯病の症状

写真3―49　熱ハサミ

温で多湿環境という光合成の適環境と合致する。このため積極的な環境制御を行なうと、かいよう病の発生リスクは高まる傾向がある。特に十～十一月には、光合成を犠牲にしても細霧システムの利用は避け、乾きぎみ（飽差では九g／m^3以上）とするのがよい。

青枯病
長期どりの普及で増えた

青枯病の発生は、以前は集中豪雨などでハウスに雨水が流入したときが多かった。近年は雨水に関係なく、ハウス全体にランダムに発生することが多くなり、発病、被害程度ともに高まっている。夏期の暑い時期から定植する長期多段どり作型が普及したことが原因である。

青枯病の症状は、日射が強い日の日中にしおれ、夜間には一時回復するが、しおれと回復を数回くり返した後、やがて回復せずに葉が緑色のまま枯死していく（写真3―48）。

現場で診断する場合、透明コップに水を入れ、株元から切断した主茎を一〇分以上浸ける。乳白色の懸濁液が糸を引くように落ちれば青枯病である。

▼土壌消毒

近年は、薬剤消毒よりも環境負荷が少なく消毒効果も高い方法として、フスマや米ヌカなどを利用した土壌還元消毒法が一般に行なわれている。さらに、糖蜜や低濃度エタノールを利用した還元消毒も注目されており、これらの方法では消毒効果が深層まで至ることが実証されている（95ページ参照）。

写真3—50　茎えそ細菌病の症状

左：葉柄に発生、右：葉かき痕から主枝へ発生

▼抵抗性台木の使用

各種苗メーカーから耐病性の台木が発売され、利用されている。しかし、現状の耐病性台木は真性抵抗性ではなく、菌濃度が高まれば発病してしまう。また、その多くが発根特性からか、生育後半の生育が弱い傾向にある。後半の草勢低下に注意しなければならない。

▼耕種的防除の徹底

雨水の流入を防ぐため、ハウス周囲に排水溝の設置は必須である。

発生してしまった場合は、作業によっても伝染が進むため、手袋や刃物の消毒も必要である。ガスの燃焼熱で刃を高温に保つ熱ハサミ「福ちゃん」（宝商製）は、やや高価だが、かいよう病やそのほかの細菌病の二次感染、蔓延も防げる有効な器具である（写真3—49）。

茎えそ細菌病
低温多湿環境にしない

茎えそ細菌病の症状は、葉柄の溝部分や茎の芽かきの傷跡に黒色の病斑を生じる（写真3—50）。病斑は、健全部との境がはっきりとしており、ときに大型となる。疫病と誤診することもあるが、疫病の病斑よりも色が黒く、病斑の境がくっきりしていることで判別できる。

発病株が完治することはまれであり、ほとんどはいずれ枯死する。このため、伝染源の排除を最優先し、発見次第すぐに株を抜き取る。

発病リスクを下げるには、低温多湿環境を改善することである。雨樋の下の部分も含めて空気が循環できるように循環扇の設置や暖房機ダクトの配置を見直すことなどが有効である。換気を積極的に行ない、カーテンや天窓が閉まっている時間を短くする。ハウス内の除湿にはわずかに換気をしながら暖房機を稼働させることが効果的である。

　薬剤防除では、銅剤を定期的に予防散布しておくことで大きな被害を回避できる。

灰色かび病

果実を濡らさない

　灰色かび病は、果実や葉だけでなく、茎、葉柄にも発病する。また、うどんこ病とは対照的に、葉先が枯れた部分や、枯れた花びらに多く発生する。また、果実のヘタの基部などの水分が溜まりやすい部位に発生すると、多量の灰色の分生胞子を生じ、伝染源となる。腋芽をかいた痕から茎に侵入すると、株全体が枯死することも少なくない。

　発生源となる病斑部（かび）をハウス内に放置しないで取り除き、ハウス外に持ち出す。また枯れた部分には好んで寄生、繁殖するため、カリウム欠乏やカルシウム欠乏による葉先枯れを発生させないようにする。

　枯れた花びらから入ることも多いので、萼の基部に挟まる花びらを少なくするため、マルハナバチの利用やホルモン処理濃度の適正化も重要である。また作業労力に余裕があれば、花びらを取り除く作業（花抜き）を行なう。

　発生のきっかけは多湿条件であることが多いが、湿度が高いだけでは蔓延はしない。大きな原因は、植物体表面を結露させる（濡らす）ことである（写真3―51）。長期多段どり栽培で最も多発させる条件となるのも、果実表面の結露である。結露は気温と果実温度の差で生じる。そのため、早朝～午前中のハウス温度の上昇は、一時間当たり一・五～二・〇℃にとどめる。

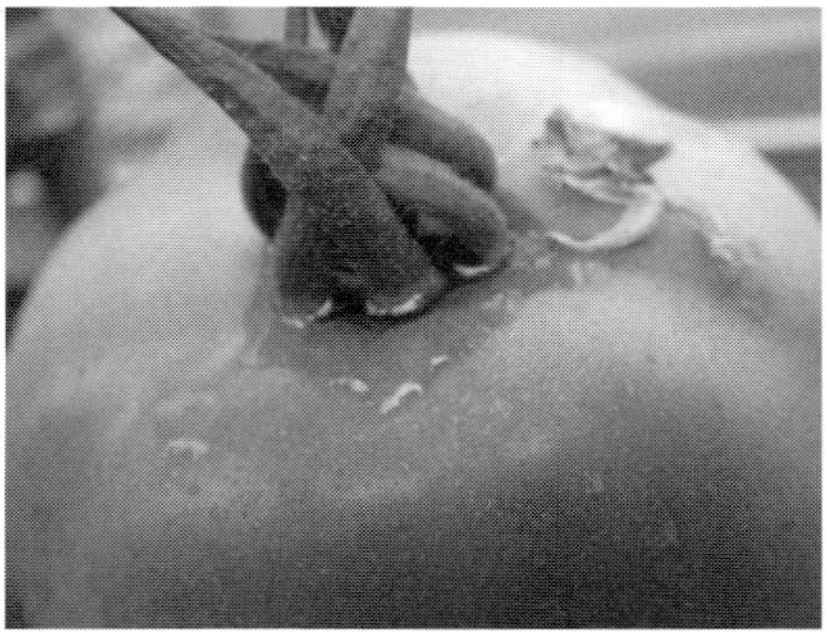

写真3―51　灰色かび病の引き金となる果実表面の結露

黄化葉巻病

耐病性品種に期待

　トマト黄化葉巻病の病原ウイルスは、タバココナジラミによって媒介される。発病すると新葉が縁から退色、黄化し、葉巻症状を示す（写真3―

52）。その後、節間は詰まり、葉は萎縮し、蔓延すると生育は遅延し、収量は激減する。

ウイルスの系統は、イスラエル株、マイルド株と大きく二種類の株が確認されており、イスラエル株は劇症型、マイルド株はマイルド型と呼ばれる。症状からウイルスの系統を区別することは難しく、今では、両方の系統が混在して発生している。

写真3—52　黄化葉巻病の代表的症状

また、本ウイルスの増殖は温度に依存し、夏期はウイルス増殖が早く罹病から発病に七～二〇日間、冬期は発病までに一～三カ月、と発病までの期間に差が大きい。

黄化葉巻病の基本的な防除対策は、タバココナジラミの防除になる。そのほか、近年、次々と発表される黄化葉巻病の耐病性を持つ品種には大いに期待している。初期の耐病性品種は食味の点で課題の残るものが多かったが、近年のものは高い品質、食味を保ちつつ、しっかりとした耐病性を持つ品種が登場している。

コナジラミ類
防虫ネットで侵入を防ぐ

トマトに発生するコナジラミ類は、大きくオンシツコナジラミ（写真3—53）とタバココナジラミに分かれる。タバココナジラミは体長が小さく、細い。羽の向きが立っており、羽のあいだから、やや黄色の胴体が見える（写真3—54）。

オンシツコナジミの発生で懸念されるのが、トマト黄化病ウイルスの媒介と、排泄物の甘露のうえに発生するスス病の誘発である。トマト黄化病は、

写真3—53　オンシツコナジラミ
上から見ると三角形で、羽が重なって閉じている

写真3―54　タバココナジラミ

羽が立っていて、そのあいだから胴体が見える

黄化葉巻病と比べて収量に大打撃を与えるほどの影響は少ないため、さほど心配はない。厄介なのはスス病で、果実や葉がひどく汚れるため、多発する前に早期に防除を行なう。

　タバココナジラミはトマト黄化葉巻病を媒介する害虫として知られ、トマト栽培上、最も警戒すべき害虫である。タバココナジラミは、数多くのバイオタイプ（遺伝的あるいは生化学的に異なるタイプ）で区別される。古くから日本に存在していたタバココナジラミは黄化葉巻病を媒介しない。問題となるのは、近年、外来のバイオタイプとして入ってきたバイオタイプB（シルバーリーフコナジラミ）とバイオタイプQである。

　ハウスへのコナジラミ類の侵入を防ぐため、まず施設の開口部に防虫ネットを設置する。従来は〇・四mm目合いで十分としていたが、実際はわずかだが通り抜けることがある。近年では、さらに細かな〇・三mm目合いや、〇・二×〇・四mm目合いネットを展張することが多い。

　また、作業者がハウスに出入りする際、ネットを開けた瞬間に、風の流入や作業者と一緒にコナジラミが侵入することが非常に多い。対策として、出入り口に中間室を設ける。簡便な方法として、出入り口の扉とネットが離れるように、パイプを簡易に成型すると飛び込みがかなり防止できる（写真3―55）。さらに、黄色の粘着板や粘着テープをハウス内に設置し、ハウスの周辺に光反射マルチを敷設することで忌避し、防草をすることも効果的である。

　農薬散布では、同一系統の殺虫剤を避け、系統別にローテーションで散布する。

薬剤の散布方法

　薬剤散布では、散布作業の効率や防除効果を向上させることは非常に重要である。

　薬剤散布用のノズル（または噴盤のみ）は長く使うほど、高圧の薬液による摩耗で、薬液の粒子が大きくなり、垂れ落ちも多くなる。ノズル（または噴盤のみ）は一～二年で定期的に交換すると薬液の噴霧粒子を細かく保つことができ、葉への付着率が向上し、葉裏へも付きやすくなる。すずらんノズルを購入する際に、同時に予備の噴盤も購入し、毎年噴盤のみでも交換すれば、防除効果が維持できるとともに、薬剤の経費節約につながる。

トマトの草姿は二m程度の高さになるのは一般的で、ハイワイヤー栽培では三mにもなる。このため、ノズルを上下に大きく振りながら薬剤散布すると、多くの時間と体力を必要とする。

写真３―56のような手押し式の薬剤散布機は非常に防除効率がよい。これ

写真3―55　コナジラミの侵入を防ぐための簡易な手づくり中間室

写真3―56　手押し式の薬剤散布機

左：カートジェッターＳ型（ヤマホ工業製）
右：静電噴口e―ジェッターFSR―150（みのる産業製）

写真3—57　手作業による摘葉の痕
病害の原因となる

写真3—58　ハサミによる摘葉
できるだけ葉柄元から取り除く

らを使えば、個人差もあるが二〇aのハウスを通常一時間で薬剤散布でき、おおむね手散布の半分の労力となる。さらに、静電気を利用した散布機は、やや高価であるが、薬剤散布量を約三割削減でき、葉裏への付着もよくなる。

腋芽かき、摘葉の方法

腋芽かきと摘葉はトマトの主要な作業であるが、その方法は人それぞれである。ハサミやナイフなどの刃物を使う方法、刃物を使わずビニール手袋や軍手を着けて手で行なう方法など、それぞれメリット、デメリットがある。

▼腋芽かきはハサミで

腋芽かきは手で行なうのが効率はよい。手で行なうメリットは、作業が早く、傷口に直接触ることなく腋芽をかけるので、病害の伝染リスクは軽減できる。この場合、シリコン系の薄手の手袋をして、ときおり手を消毒することは必要である。

しかし、慣れない作業者が手で行なうと、表皮を一〇cm以上剝いてしまうこともある。表皮が剝かれた茎には灰色かび病などが簡単に入り込み、かえって病害リスクを高めてしまう。大規模の生産者は、雇用者を多く利用しているため、確実に腋芽がとれるハサミを利用することが多い。

写真3―59　オランダで使われている摘葉用ナイフ

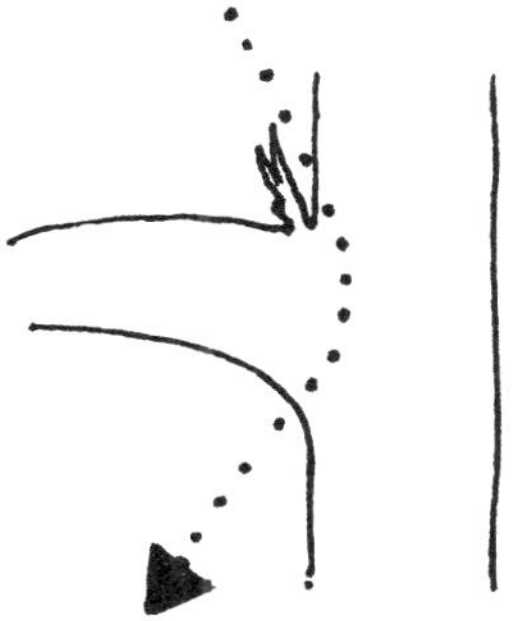

図3―8　摘葉時のナイフを入れる向き

▼摘葉はナイフで

摘葉を手で行なう生産者もいるが、長時間では手が痛んでくる。また、手では茎元まで取り除くことはできない（写真3―57）。上手にとれなかった葉柄元は繊維がつぶれ、いずれ腐ってくる。乾きにくいため、灰色かび病や茎えそ細菌病の絶好の侵入口にもなる。

このため、刃物での作業が安全である。摘葉には園芸用のハサミを使うが、刃を定期的に研ぐ必要がある。切れ味をよくすることで、繊維を壊さず、傷口を早く乾かすことができる（写真3―58）。

いっぽう、オランダではナイフでの摘葉作業が一般的である（写真3―59）。これは、日本よりさらに高い位置のハイワイヤー誘引で、摘葉が目線の高さでラクにできることと、オランダの品種は節間が長く、葉の展開が横に突っ張っている形状で、ナイフの挿入が簡単であるなど、オランダ特有の条件があるからでもある。しかし、その作業風景を目の当たりにすると、その作業スピードと仕上がりのよさに驚かされる。すでに日本でも一部の生産者が導入しているが、その効果を試してみるとよい。

最初、葉柄元を少しえぐるように刃を入れ、腋芽の元も取り除き、その後は外側に刃を向けて削り取るように行なう（図3―8）。上手に行なえば作業性はハサミより速く、病害の侵入予防にも有効で、さらに後から出てくる腋芽の発生も減らせる。

第4章

労務管理、栽培機器・資材、品種

ここまで、長期多段どりを成功に導くための栽培技術について解説してきた。内容をよく理解して実践すれば、増収が期待できるはずである。

さらに増収をより確実なものにするためには、いわゆる栽培技術以外のこともよく理解することが大切である。

この章では、労務管理、栽培機器・資材、品種について解説していく。

1 労務管理

大規模でも高い単収はねらえる

家族労力のみで行なうトマト栽培は、忙しいときは家族総出でハウスに照明を点灯させて夜間まで作業するなど、少々の作業の閑繁にも柔軟に対応しやすい。急な用件にも臨機応変に対応ができて、ある意味理想的な経営ともいえる。

しかし、さらに高い収益性を追求するとなれば、雇用労力を活用するなどで栽培規模を拡大していくことも妥当な選択肢の一つである。

図4―1に、栃木県内のある地域の生産者の栽培規模と単収の関係を示した。一般的な園芸品目では、栽培規模を拡大すれば経営者の目が届きにくくなり、栽培面積当たりの収量（単収）は減少傾向となる。しかし図では栽培面積が大きい生産者ほど単収が高い傾向が見てとれる。

この図が示す意味は、トマト栽培は規模拡大をすれば単収が向上するということではない。高い単収は栽培規模とは関係なく、トマト栽培では栽培と経営面の努力をしっかりすれば栽培規模を拡大しても高い単収が確保でき、ますます高収益化がねらえることを示している。

優秀なトマト栽培の経営者とは、栽培技術がハイレベルであるだけでない。高収益のトマト栽培は、経営的なさまざまな努力、特に雇用者の労務管理の努力、作業の効率化の努力によって実現できると考える。

トマトは作業が平準化しやすい

トマトの場合、キュウリやイチゴなどの他の施設野菜などと決定的に違うのは、作業の単純化が図りやすいことである。トマトは三枚の葉と一つの花房でほぼ連続的に均一に生育する特徴がある。整った栽培施設でトマトに最適な環境制御をしっかり行なえば、トマトはキュウリ、イチゴよりも閑繁の差が少なく、労働の平準化が図りやすい。

経営者に求められるのは、従業員へ的確に作業指示をすることである。具

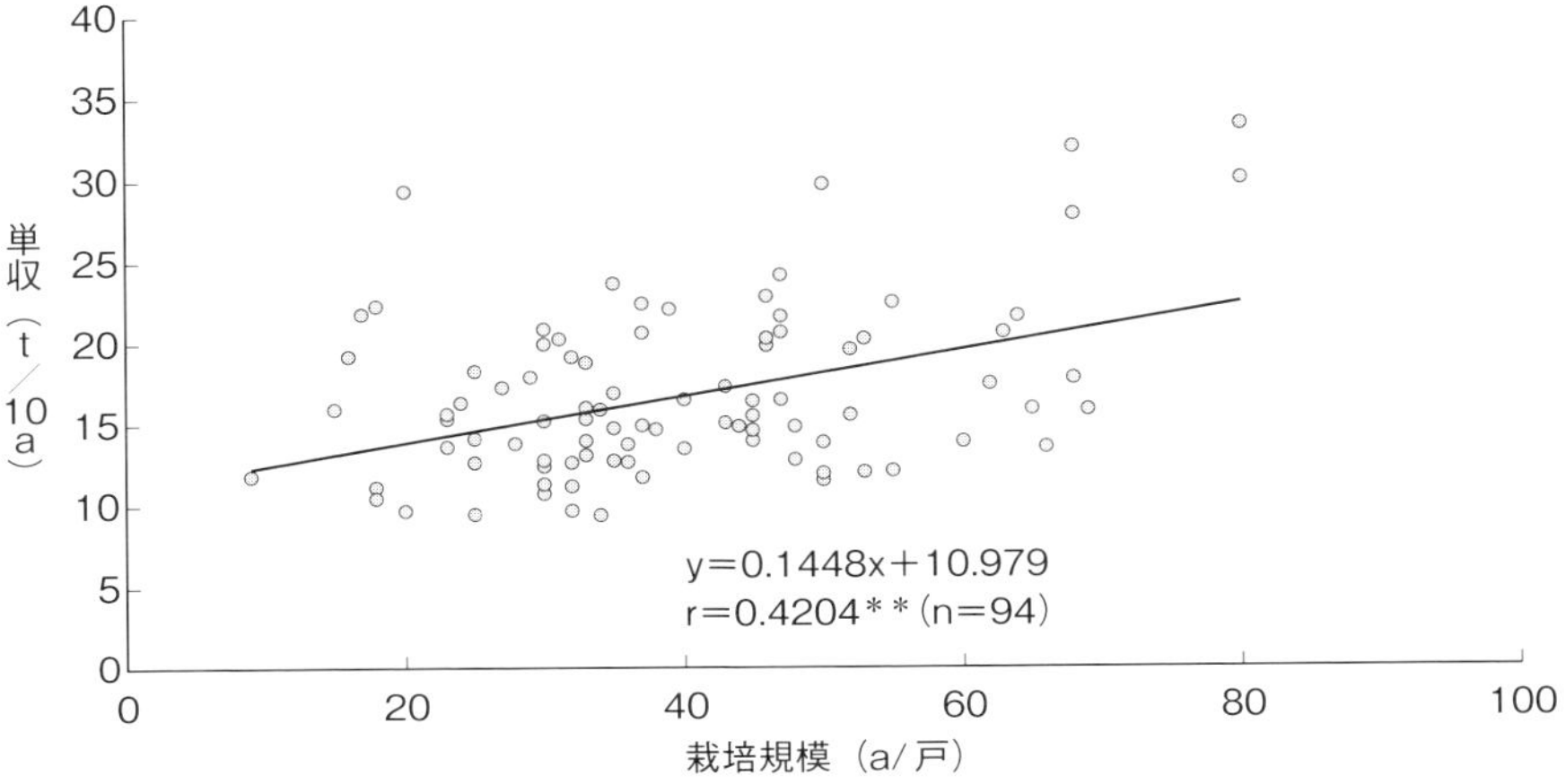

図4―1　栽培規模と単収の関係

ある栃木県内の生産組織。2014・2015年産の生産データより

表4―1　トマト栽培における労働力と適正栽培規模

誘引方法	適正栽培規模（1人当たり）	
ハイワイヤー誘引	家族労力 雇用労力	8～10a 5～ 8a
斜め誘引 Nターン誘引など	家族労力 雇用労力	10～13a 6～10a

体的に「葉を下から何枚取って」と明確に指示をすれば、従業員は比較的容易に作業内容を理解し、作業をこなすことができる。毎日の作業前の朝礼や打ち合わせは徹底して行なう。このとき、なぜ下から何枚の摘葉なのか、その理由を伝えておくと作業精度がなお向上し、変則的な株への対応も矛盾なくできて、さらによい。

雇用労力を上手に活用して規模拡大を図りたい。

労働力に見合った栽培面積とは

長期多段どり作型での優良事例を整理すると、トマト栽培における労働力と適正栽培規模は、おおむね表4―1の規模であろうと思われる。

作業効率は、栽培作型や誘引方法、栽植密度などによっても異なる。栃木県で盛んなハイワイヤー誘引栽培では、収穫作業はラクで早いが、誘引や葉かきなどは高所作業が多くなり、作業効率は決してよくない。低い軒の斜め誘引法と比べると、労力が一・三倍程度は多く必要となる。

また、多収をねらって行なう密植栽培も、確かに収量性では有利となるが、枝の数が増える分、作業労力も多く必要になる。密植栽培には適正な労力確保が大前提となる。

せっかく高価な軒高の高いハウスでハイワイヤー誘引の長期多段どり栽培をしても、誘引作業が間に合わず、生長点が曲がったままになるようでは、植物には多大なストレスがかかるばかりで高収量はまず期待できない。労働力に見合う適正な栽培面積、栽植様式にすることが重要である。

計画通りに作業を進める工夫

葉かきや腋芽かき、誘引作業は晴天日に行なうのが決まりである。これは曇雨天日に葉かきや誘引を行なうと、傷口から灰色かび病など多湿を好む病害の侵入を誘発することや、茎が折れやすくなるためである。

しかし、雇用労力を活用して規模拡大をしていくなかでは、葉かきや誘引を晴天日だけにするような作業計画では非効率である。そこで、曇雨天日には昼間二〇℃程度にハウスを加温して、換気操作を交えてハウス内の乾燥、トマトの蒸散を促すと、葉かきや誘引をしても病気を誘発しにくくなる。このように計画通りに作業を進める工夫をすることが、規模拡大・雇用労力の上手な利用において重要なことである。

オランダの労務管理レジスターシステム

オランダのトマト栽培では、一つのハウスで一〇haの大規模施設も珍しくない。筆者が視察した農家でも、ハウス内を電動アシスト自転車やバイクで移動していた。乗り物に乗ってのハウス内の移動はごく普通の光景であるようだ。

一〇ha規模のトマトハウスでは、ウネの長さを合計すると長さ約六〇kmになる。毎日、経営者自らが栽培圃場をくまなく見て回るのは不可能な距離である。

オランダのトマト大規模経営者の多くは、労務管理にPriva社のAssist Smartlineに代表される労務管理のレジスターシステムを導入している（写真4―1）。

このシステムは、労働者それぞれが小型端末を携帯し、作業に入る前後に、ウネの入り口に吊るされた磁気装置に近づけて認識させる。また、数ウネごとに中型の端末を設置しておき、小型端末を近づけることでデータを転送したり、収穫数量なども手入力できたりする。経営者はデスクに座ってパソコン画面を見ていれば、ハウスの場所ごとに誰が管理したウネであるか、各労働者の作業の効率がどの程度かなどがわかり、収穫数量をウネごとに正確に知ることもできる。

視察した大規模圃場では、労働者の打ち合わせ室に設置された大型モニターに、各作業者の作業効率・成績が表示できるようになっていた。マネージャーは毎週行なう全員ミーティングで各労働者に見せて、作業の効率化に役立てているとのことであった。

日本では、オランダほどの高度な労務管理は難しいと思うが、ちょっとした工夫でうまく労務管理を行なっている優良事例がある。

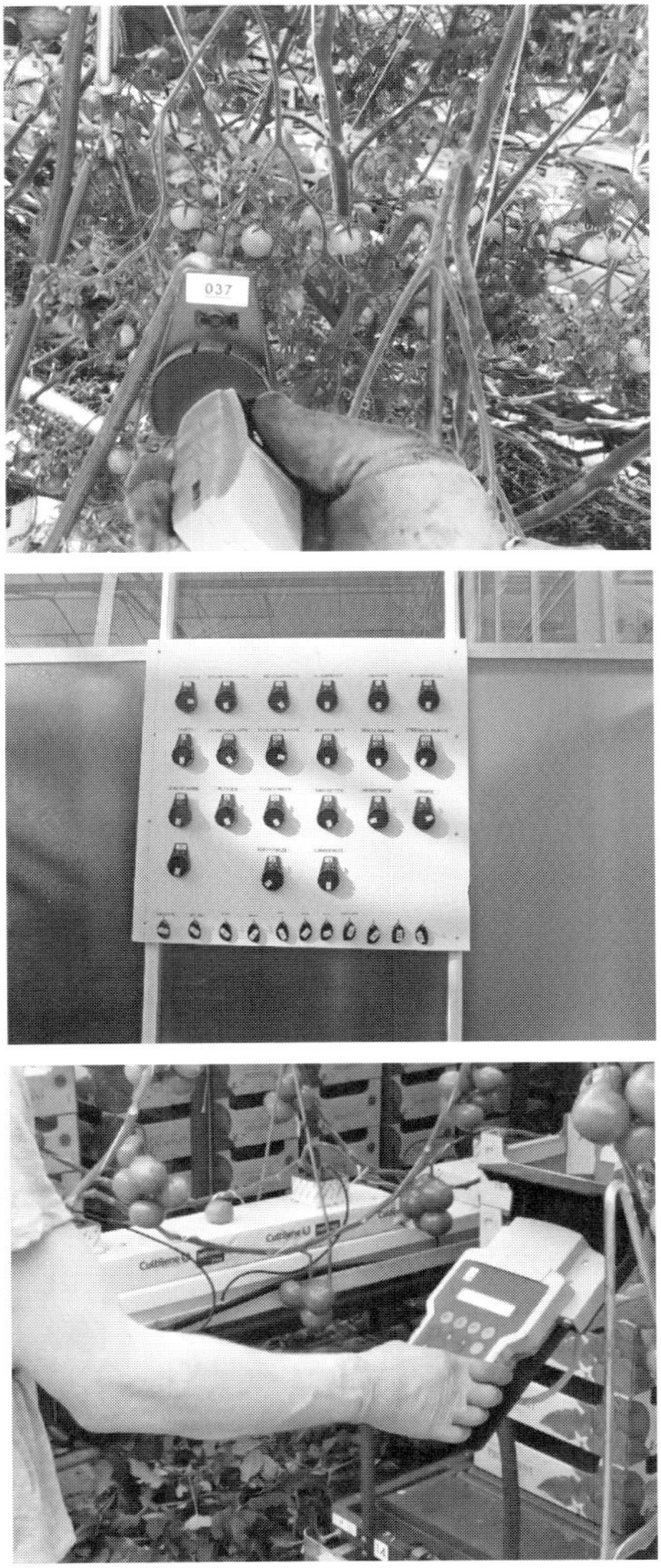

写真4—1　オランダの労務管理レジスターシステム

上：労働者が常に携帯する小型端末に各ウネに備えられた磁気装置を認証させ、作業場所と時間を記録させている。中：小型端末に作業の内容を認識させる磁気装置。下：端末のデータ転送、情報入力装置

国内の優良事例

▼栃木県野木町　Aさん

（栽培面積一三〇a、養液栽培の周年生産、家族労力四人+雇用労力一三人）

写真4—2上のように、従業員にはあらかじめネームタグを配っておき、

作業者は自分が作業に入ったウネに自らネームタグをぶら下げるようにしている。夕方に経営主の奥様が作業の仕上がり具合を見ながらプレートを回収し、集計する。このことで従業員は、任された作業ウネに責任を持っててい ねいに作業するようになり、さらに作業速度も向上している。

改善が必要な事項などがあれば、奥様から経営主に伝えられ、パート従業員にはミーティングなどで経営主から伝えられる。また従業員には、任せたウネの管理がうまくできているときの感謝の言葉も忘れない。

▼栃木県小山市　Kさん

（栽培面積六八a、ハイワイヤー長期多段どり栽培、家族労力三人+雇用労力九人）

写真4—2　労務管理の工夫

上：作業者が管理したウネに記録として残すネームタグ。下：作業者名のプラカードと病害の発生メモ

写真4−2下のように、パート従業員には自分の名前のプラカードを作業ウネに立ててもらい、病害を見つけた場合は付箋紙に発生位置や状況を記入し、プラカードに貼り付けてもらっている。経営主はその情報をもとに病害などの対応を迅速に行ない、決して放置しないようにしている。パート従業員にも即座に認識・対処したことを伝え、お礼を言って信頼関係を築いている。

作業効率を上げる工夫

従業員の人数が増えてくると、おのずと集団での作業が多くなる。一般に、作業者は各ウネに分かれて一斉に入るが、どうしても横一線に揃って移動していき、作業の遅い人に合わせるようになり、世間話に花が咲くなど作業効率が上がらないことが多い。

そこで、ひとウネおきに入ったり、奥側から作業を始めてもらったりするなど区画を指定して作業してもらうとよい。また、作業グループを五名以上の大所帯にしないで、二〜三名程度に小分けするとよい。休憩のときには、作業の進捗状況を確認して、遅れているウネは速い人がカバーする。作業の速い人には優越感を持ってもらうことや、従業員のあいだでも競争意識を持ってもらうことで作業効率は上がってくる。

経営のカギを握る経営主の妻や母親

雇用労力を上手に活用している優良事例では、家族内の女性（経営主の妻や母親）の活躍が目立つ。

筆者が知る優良事例の多くは、奥様が常にパート従業員と一緒に作業に従事する。経営主は、パート従業員たちとは離れた場所で一人で作業していることが多い。

作業内容の指示は、毎朝、経営主から全員へ指示され、作業開始後の細かな指示は奥様から出される。作業の改善が必要な場合には、経営主から直接、従業員にビシッと指導する。このような役割分担をすることが、経営体としての円滑な作業体系をつくり上げる基礎となっていることが多い。

また、トマトの大規模経営も従業員が喜んで来てくれなければ成り立たない。従業員の福利厚生用にハウスの隅に、とびきり糖度の高いおいしいカラフルなミニトマトなどを数十株作付けておくのもよい。

また、従業員が辞めずに継続的によく働くのは、奥様の日頃の努力、従業員への気遣いがあってこそである。経営主は専務取締役的な役割を果たしている奥様への感謝の念を忘れてはならない。

家庭内の女性が従業員と一緒に作業できない場合は、従業員の中にリーダーをおくとよい。

2 栽培機器・資材の選び方、使い方

高軒高ハウス

▼生育が安定しやすい

近年、栃木県内で新たに建設するハウスのほとんどは、柱高が約四ｍで、ハウス頂点までは約六ｍと軒が高い（写真4―3）。このタイプのハウスでは、誘引線の高さまで三・三ｍ前後であり、高所作業車を導入することでトマト植物体にとってもストレスの少ない理想的なハイワイヤー誘引が可能となる。

オランダでは日本よりも軒の高い柱高六ｍが一般的で、さらに高いものでは柱高八ｍのものまである。高軒高化の主な目的は、トマトの受光体勢や誘引のしやすさよりも、植物体（特に生長点位置）の栽培環境の安定化にある。ハウスの上部には熱気が溜まりやすく、上部の空間に余裕があったほうが生育は安定しやすいのである。

日本のハウスでも、できるだけ上部の余裕空間は必要で、特に細霧システムを使う場合に葉を濡らすことなくミスト噴霧できるメリットが大きい。

いっぽうで日本は台風や突風、降雪などの気象災害の影響を受けやすいため、さらなる高軒高化は耐候性の面での不安も残る。また、骨材を強化しすぎると、コストが上昇し、骨材の陰になることで光利用率も低下する。

写真4―3　建設中の高軒高ハウス
（栃木県小山市）

現実的には、現状の柱高四ｍ程度で妥当と考えるが、近い将来、品種の変更（ハイワイヤー専用品種）などもあれば、さらに五〇～一〇〇cmの高軒高化が必要になるかもしれない。

CO_2発生機

CO_2発生の方式には、プロパンガス燃焼式、灯油燃焼式、生ガス噴射式と大きく三種ある。最も多いのは、機構が単純で小型であるプロパンガス燃焼式のCO_2発生機である。

▼プロパンガス燃焼式

小型で省スペースで設置できる。暖房機の上にのせて使用することもでき、暖房機の空気吸い込みから発生し

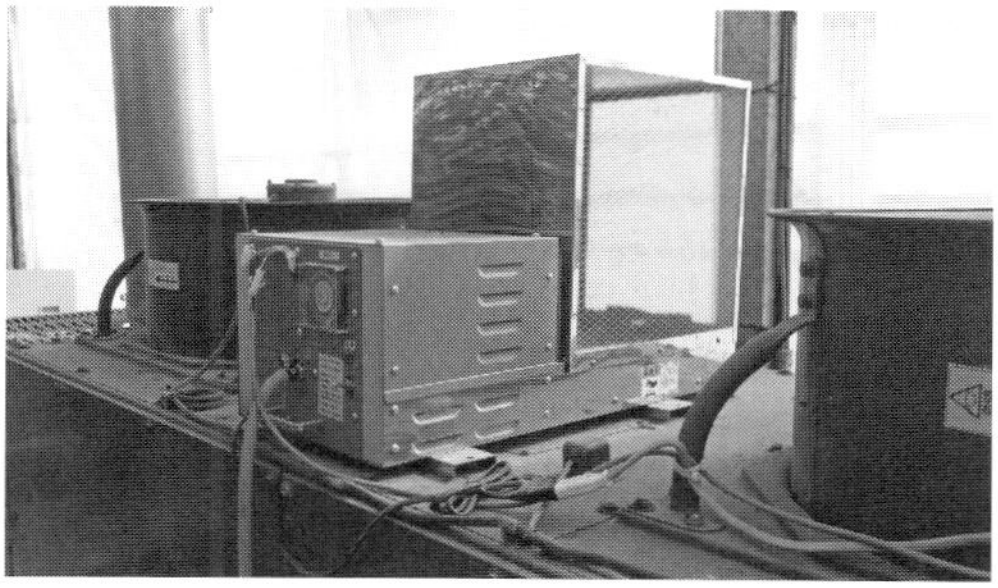

写真4—4　プロパンガス燃焼式CO_2発生機
（バリテック新潟製：タンセラTC-2000SN）

たCO₂を吸い込ませるのに好都合である（写真4—4）。また、プロパンガス式の機器は点火の機構も簡単で、すぐに着火し完全燃焼しやすいため、濃度コントローラでこまめなオン・オフを行なっても安心して使用できる。

▼灯油燃焼式

灯油燃焼式のメリットは、CO_2の発生

写真4—5　灯油燃焼式CO_2発生機
（ネポン製：グロウェアCG-254S1）

の燃料コストが格段に安いことである（写真4—5）。試算では、プロパンガス式の約七割から半分のランニングコストでCO_2が施用できる（表4—2）。

しかし、灯油にはプロパンガスに比べ不純物が多く含まれ、燃焼した際に発生するススがバーナーを汚し、不完全燃焼を起こすこともある。特に、冬期に連続した曇天、降雪などで換気窓が終日密閉される状態が長くなると、わずかな不完全燃焼でも発生した有害ガス（一酸化炭素・チッソ酸化物・エチレン・二酸化硫黄）がハウス内に残留し、葉に障害を引き起こすこともある（写真4—6）。灯油燃焼式では、定期的にバーナー部を点検・整備する、不完全燃焼の警報器を取り付けるなど、注意をしながら使用する必要がある。

▼生ガス噴射式

数ha規模の企業的な大規模施設では

表4—2　燃料種別のCO_2施用コスト比較

	灯油式	プロパンガス式	CO_2生ガス（ボンベ）
燃料単価[注1)]	80～90円/ℓ	284～450円/m^3	4,000～7,000円/30kg
$CO_2$1kg当たり燃料単価[注2)]	32～36円	49～78円	133～233円

注1）燃料単価は、2015（平成27）年4月の栃木県内の販売事例を使用（プロパンガスと生ガスは燃料販売業者間の差が非常に大きい）

注2）CO_2施用機はネポン社の代表的な発生機のカタログデータを使用

CO_2専用の大型タンクを備えて、ローリーで供給する事例がある（写真4—7）。個人の生産圃場で導入する場合は、ほとんどは三〇kgボンベでの供給となる。

写真4—6　不完全燃焼の有害ガスによる障害事例

CO_2生ガスの取引単価は、取引業者により幅が大きいようである。ローリーで購入する場合においては、輸送コストの影響が大きく、事前に業者の検索、契約条件を念入りに検討する必要がある。ボンベで購入する場合の単価はCO_2ガス販売業者により一本三〇kg当たり四〇〇〇～七〇〇〇円と、こちらも幅が大きい。

生ガスのメリットは、熱を持たないCO_2ガスを利用できることである。プロパンガスと灯油の燃焼方式では、CO_2ガスは温かい状態で放出されるため、噴出したガスは上昇し、天窓から漏えいが増加する傾向がある。いっぽう、生ガスの施用では、熱による上昇気流は起こりにくく、上部換気窓からの漏えいは比較的少ない。また、熱が発生しないため、暖候期でも施用しやすい。

現在は、生ガスの燃料単価が割高であることもあり、普及率は高くないが、施用方法が比較的簡易で有害ガス障害

写真4―7　CO_2ボンベ
左：大型タンク
右：30kg小型ボンベ

の心配が少ない生ガス施用法は、将来、利用者が拡大する可能性もある。

CO_2濃度コントローラ・センサー

▼濃度コントロール機能のいろいろ

総合環境制御装置にCO_2の濃度コントロール機能を付加したモデルが増えてきているが、現場ではCO_2独立の濃度コントローラを使用する事例が多い。

CO_2濃度コントローラには、発生機メーカーの専用種もあるが、どのメーカーの発生機にも接続できるような汎用性の機種もある（写真4―8）。CO_2濃度コントローラの価格帯は一〇万～一五万円程度が主流であるが、安価な輸入品では五万円以下で購入できるものもあり、まずは安価な機種を試行的に使用するのもよい。

それぞれ機種によって付加機能はさまざまで、いくつかの時間帯別に濃度設定ができるものや、温度や日射量に対応して設定を変えられるものがある。さらに高機能の機種では、天窓の開閉度合に対応してCO_2濃度を設定できる優秀なものもある。

具体的には、天窓開度が八〇％を超えた場合はCO_2濃度を三五〇ppm設定へ下げてCO_2の漏えいを防ぎ、天窓開度が一〇～七〇％では四〇〇ppm設定とし、天窓開度が〇％（全閉）であれば五〇〇～六〇〇ppmとやや高濃度設定とすることができる。

▼センサーの精度向上

なお、CO_2測定センサーの多くが赤外線吸収方式か半導体式を採用しているが、温度や湿度環境によって測定誤差（ドリフト）があったり、センサー耐用年数が短かったりする。一般に普及しているCO_2測定器に完璧なセンサーは存在しない。

近年、外気のCO_2濃度を定期的に測定し、自動校正（バックグラウンド）する機能を備えた優れた測定機器も出てきているが、校正する時間帯や地域環境で外気のCO_2濃度も一定でないため、それでも完全とはいえない。

このため、まずは手動で校正できる機能がある機種は、標準ガスを使って定期的に校正するとよい。個人では難しい場合は、メーカーに依頼して年に一回程度は校正、メンテナンスをするとよい。

いずれにしても、表示されるCO_2測定濃度を完全に信じ込むのではなく、近隣の生産者ハウスでのCO_2表示状況や、CO_2発生機の動作の状況をよく確認して判断したい。

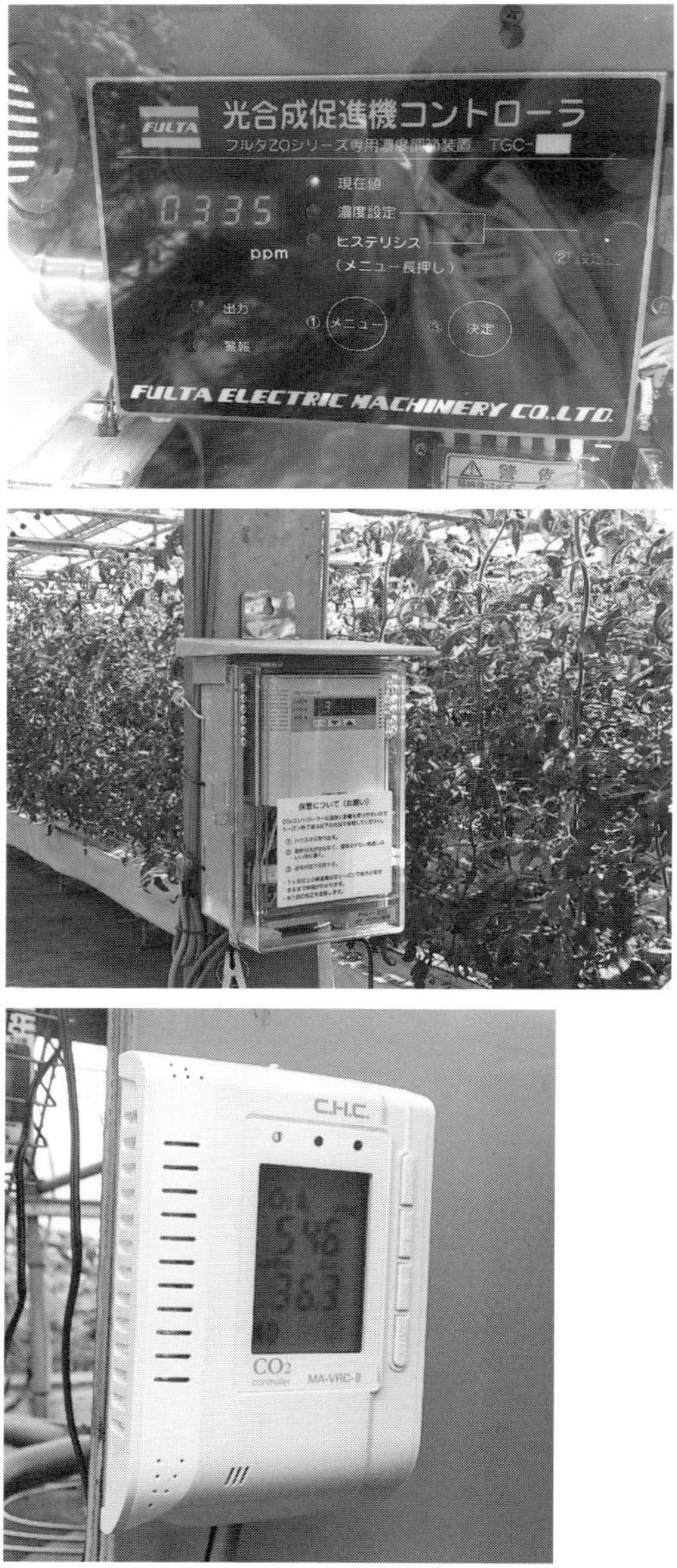

写真4―8　CO_2濃度コントローラ
上：メーカー専用の機器（フルタ電機製）
中：栃木県で導入事例の多い機種（チノー製）
下：低コスト機種（C. H. Cシステム製）

細霧システム

▼霧の粒径による違い

細霧システムを過剰に稼働させると、トマトの葉が濡れることがある。葉が濡れてしまうと病害の発生リスク

0μm	10	100	300	1000
ドライフォグ（濡れない霧：10μm以下）	セミドライ（10～30μm）	霧　雨（100～300μm）	しとしと雨（0.3～1.0mm）	雨（1.0mm以上）

図4―2　霧の種類と粒径　（参考：霧のいけうち資料）

が高まるだけでなく、葉の気孔は閉じてしまい、光合成が減速してしまう。葉が濡れるような噴霧方法は避けなければならない。

近年はドライミストといわれるように、霧の粒径が一〇μm以下で葉が濡れにくい細霧システムが開発・発売されている（図4―2）。粒径が細かくなれば、確かに葉が濡れることはほとんどなくなるのだが、反面、吐出量は少なくなりやすい。冷房効果、加湿効果も劣る傾向になる。また粒径が一〇μm以下のドライミストにするには、二流体式といわれる水と別に空気を高圧で噴出する高価なシステムとなるため、農業用ハウスでは導入が難しい。

現状、トマト栽培においては、五MPa程度の圧力ポンプにより、平均粒子三〇μm前後の粒径で霧を発生させるシステムが使い勝手がよい。近年、普及が進んでいる飽差値でコントロールする細霧システムでは、多くが一〇～三〇μmの粒子のセミドライ系のノズルを使用しており、飽差コントロールによる光合成の促進、ハウスの細霧冷房に安定した効果を得ている。

いっぽう、六〇μm以上の大きめの粒子のシステムでは、ポリチューブの接続で簡便に設置でき、低コストで導入できるものもある。大きめの粒子では、葉が濡れやすくなる弱点はあるものの、多くの吐出量を簡単に噴霧することができ、蒸発が早い暖候期～夏期に使うのであれば高い冷房効果、加湿効果が得られやすい。

それぞれの利用目的に合ったシステムを選定するとよい。

統合環境制御装置

▼わかりやすいダイヤル・ツマミ式

多くの生産者が環境制御を意識するようになって、CO_2発生機や細霧システムなどを利用するようになってきた。しかし、各環境要素（温度、湿度、日射、CO_2、湿度など）を制御する機器は、それぞれ個別であることも多い。暖房機と換気窓、カーテンの温度制御は一つの制御盤で行なったとしても、CO_2や湿度は、別の制御盤で制御することが大半である。

写真4―9は、換気窓とカーテン、

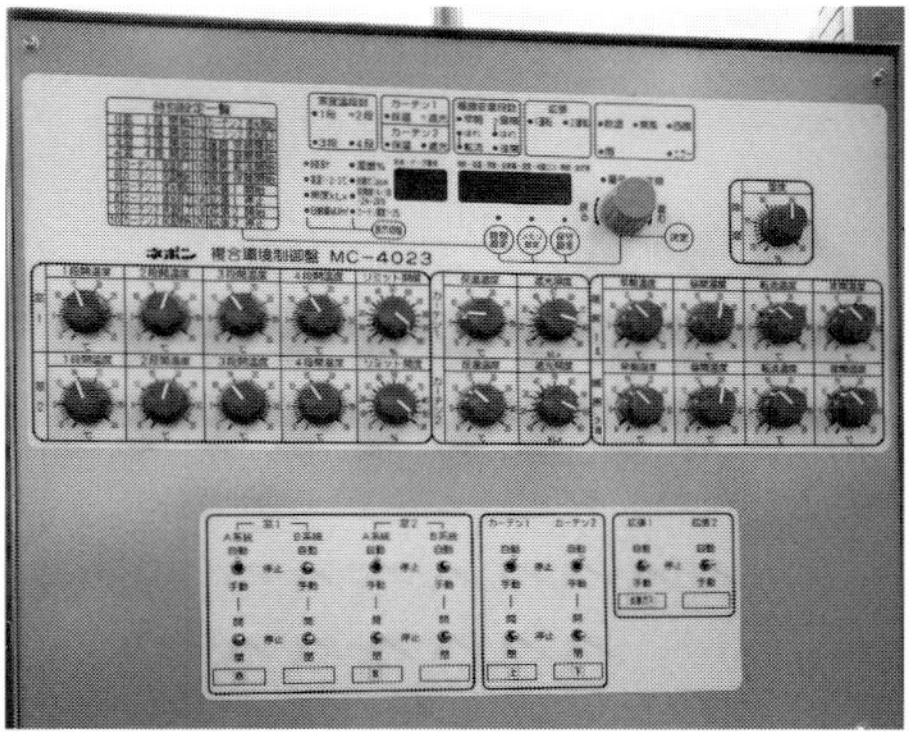

写真4—9　環境制御盤
ツマミ操作は直感的でわかりやすい

暖房機の制御盤（ネポン製のMC—4023）である。ダイヤル・ツマミ式で、直感的に理解しやすい。電子機器が苦手な高齢者でも抵抗なく利用できる。

本来、環境制御は、温度、湿度（飽差）、CO_2などの各要素を複合的、統合的に考える必要がある。環境の各要素は互いに影響しあっているからである。温度が変われば、最適な湿度もCO_2濃度も変わってしまう。

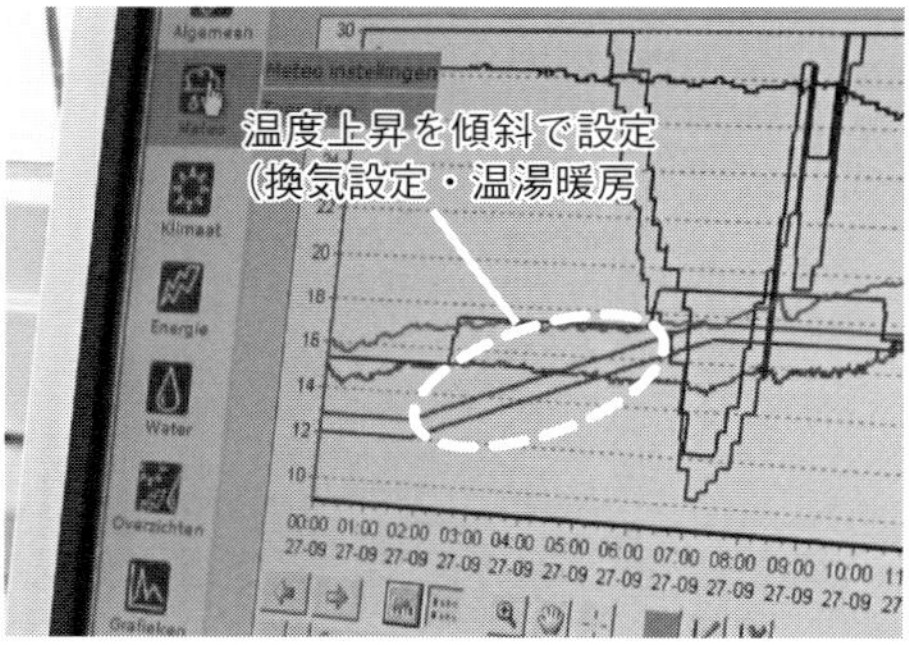

写真4—10　統合環境制御のソフトPriva Officeの設定事例（オランダ）

▼繊細な制御ができる傾斜設定式

オランダで普及率が高いPriva社の製品、Privaマキシマイザー（代理店：誠和）や、Privaコネクト（代理店：トミタテクノロジー）は、非常によくできた統合環境制御装置である。目標の環境設定値を専用のパソコンソフトPriva Officeのグラフ上で入力すれば、コンピュータが暖房機や換気窓、カーテンなどと連動して作動させ、目標環境になるように統合的に制御してくれる。次世代の統合環境制御装置といえる。

Priva社の統合環境制御装置は、徐々に日本にも普及してきた。導入当初、慣れるまでは思わぬ作動（昼間にカーテンが閉まる、暖房機が急に稼働するなど）に戸惑うこともあるが、システムを理解して使用法に慣れれば、その優秀さに感心する機器である。

特にPriva社の制御機器で便利な機能は、温度設定などをパソコンのグラフ上で傾斜線で設定できることである（写真4—10）。トマトは急な温度上昇で果実結露が発生し、急な湿度低下で葉先枯れ、尻腐れが発生するため、繊細な環境制御が求められる。グラフ上の傾斜線で環境設定ができることは、

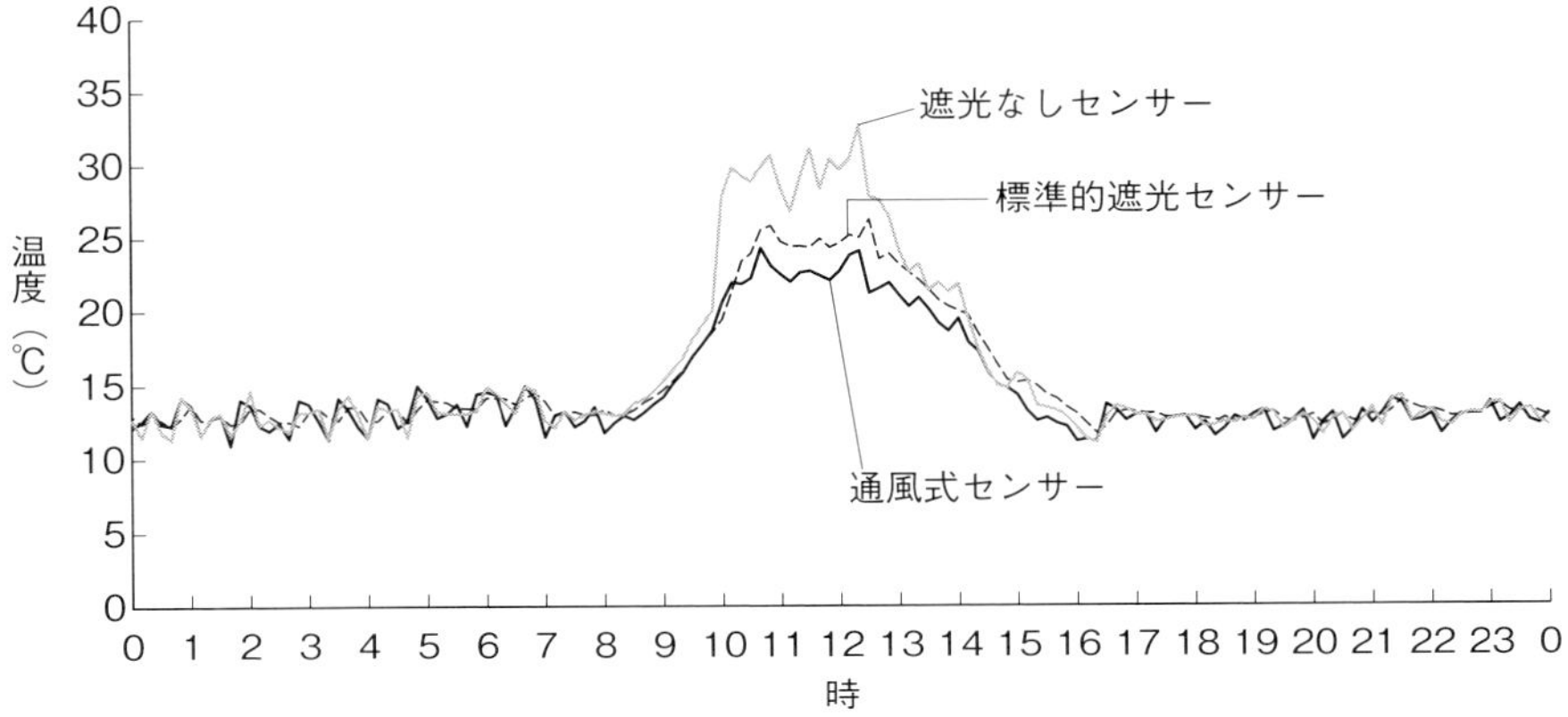

図4―3　センサーの差異による温度測定誤差　（吉田・塩谷、2012）

注）測定は2012年12月13日、測定地点：栃木県小山市

トマトにも栽培管理者にも優しいシステムといえる。ただし、導入コストは高い（制御の条件などにより異なるが六〇〇万〜八〇〇万円程度）。

日本の環境制御機器メーカーには、温度設定のみでも傾斜設定できる、一〇〇万円以下の安価なシステムを開発してもらえるよう期待したい。

いっぽう、ダイヤル・ツマミ式の制御盤は、視覚的にわかりやすく、今後も安定した需要があるものと考えられる。しかし、積極的に環境制御を行なおうと思うと、現状のダイヤル式制御盤では設定段階数の不足を感じる。換気設定八〜一〇段階、暖房機設定六〜八段階の設定ができるダイヤル・ツマミ式の環境制御盤が開発・発売されれば、ぜひ導入検討をするとよい。

温度センサー

▼温度の測定誤差による悪影響

なお、施設内の温度の測定方法は、各圃場でバラバラであり、その誤差についても現場の意識は薄い。

図4―3には、現場で想定される数種の方法で測定した結果を示したが、日中の太陽放射熱を受ける時間では、測定方法により五℃以上高く計測されてしまっている。

温度の測定誤差は、以下のようなさまざまな悪影響をもたらす。

日中に十分な温度が取れていると勘違いしてしまうことによって温度の日較差が不足し、葉が大きく栄養生長過剰となり、花質が低下して果実の肥大も不足する。平均温度が確保できないので、生育速度が低下する。光合成同

写真4―11　総合環境測定装置
左：「プロファインダー」環境測定センサー部（誠和製）
右：「アグリネット」の環境測定データを出先からタブレットPCで見る様子（ネポン製）

化産物の転流が停滞し、午後に顕著な光合成速度の減速が起こる。換気率が大きくなり、過乾燥やCO_2利用効率の低下が起こり、光合成速度が減速する。ツヤなし果（ザラ玉、石玉）など果実品質の低下や、着果の不安定化が起こる。

▼測定の基本は通風式

正しいハウス温度の測定方法は、気象庁検定の通風式乾湿計（風速四～五m／秒の通風式測定器）であろうと、通風式が基本となる。

前述したように、農業施設・機器メーカーでは、新しい総合環境測定装置を開発し、徐々に普及が進んできている。近年は自動車関連企業や家電メーカーも参入するなど、環境測定機器の開発に拍車がかかっている。総合的に計測できる環境測定機器の多くは、センサー部分が通風式になっており、おおむね正確な温度測定がされている（写真4―11）。

一〇aで三〇t以上の高収量を目指すには、これら総合的な環境測定装置は必須アイテムだと考える。この測定装置を導入することで、自らの栽培ハウス環境のウィークポイントが視覚的に明らかになり、環境制御の重要性を痛感することになる。

▼トイレ用排気ファンで安く通風化

いっぽう、パソコン操作が苦手な生産者など、総合環境測定装置の導入まで至らない場合、温度測定誤差の手軽な解消方法として、トイレ用の排気ファン（単相一〇〇V式：価格二〇〇〇円程度）を使うやり方もある（写真4―12）。

このファンを利用すれば、温度センサー部分を安価に通風化することができ、耐候性も高い。栽培現場ではファンへの電源供給を省くため、ソーラー充電式のトイレ排気ファンを使うなどの事例も生まれている。

▼温度ムラの確認に放射温度計

また、ハウス内の温度ムラも問題である。現場では循環扇の導入で改善努力をしているが、それだけでは均一化は困難である。特に夜間は、温風ダクトの配置、ダクト穴あけ程度、ヒートポンプの温風噴き出し方向によっては、ハウス内に三℃以上の温度差があることも珍しくない。

この温度ムラを解消するために温風ダクトの配置変更などをくり返す場合、温度ムラの確認方法として放射温度計が便利である（写真4—13）。

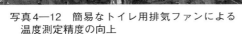

放射温度計は、安価でありながら瞬時に表面温度を表示できるので、ハウス内各地点のトマト葉面温度を巡回して測定するのに最適である。二〇〇〇円程度から一万円程度で高精度のものまである（葉面温度は、蒸散が盛んな環境では室温より一～二℃低く、蒸散が少ない環境では室温より高くなることもある）。

写真4—12　簡易なトイレ用排気ファンによる温度測定精度の向上

写真4—13　放射温度計によるハウス内の温度ムラ確認

循環扇

▼風はあったほうがよいが強すぎてもいけない

密閉されたハウス栽培のトマトでは、葉面の周囲には「葉面境界層」といわれる空気のよどみができてしまう（図4—4）。葉面境界層が厚いと、葉内へのCO_2供給が鈍って光合成量が低下する。葉面境界層を破壊するためには、循環扇の利用が効果的である。

トマト群落では、上層で〇・五m／秒、生育層で〇・三m／秒の風速があれば、CO_2濃度の差を小さくするのには有効であることがわかっている。これは、そよ風程度の微風である。二・〇m／秒以上の植物が揺れ動くほどの強

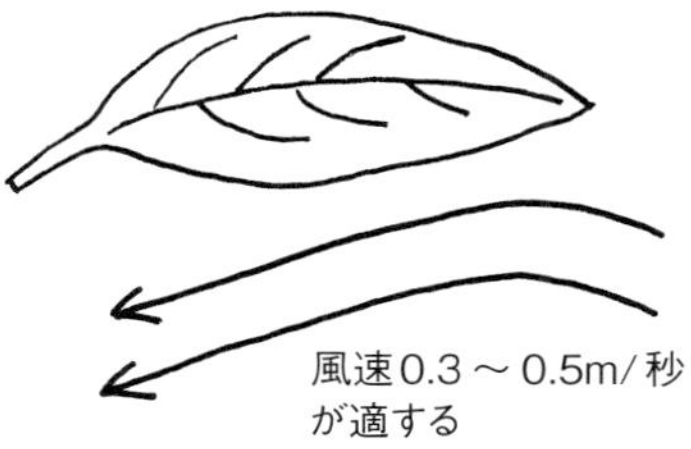

図4―4　葉面境界層の破壊

風に当たっていると、トマトは蒸散過剰、気孔閉鎖となり、光合成が低下し、生育が停滞するため、強風は避けなければならない。

循環扇の利用は、葉面境界層の破壊のほか、ハウスの温度ムラの解消にも大きな効果を発揮する。ハウス内の場所によってトマトの節間や果実肥大、茎径に生育差が見られる場合は、ほとんどはハウス内に温度ムラ、空気のよどみができていると考えられる。温度ムラのチェックが必要である。

▼循環扇の設置方法

循環扇の設置方法については、さまざまな方法があるが、基本的には、風を対流（循環）させることを優先して設置する。風を衝突させないようにして、できるだけ大きな風洞状の流れをつくる。

ハウスの妻面から吹き出す循環扇は、妻面から三～五m離して設置することで、循環効率がよくなる。

図4―5は、四連棟と三連棟の設置方法のモデルである。最適な設置方法は、循環扇の能力、ハウスの間口、暖房機設置位置、暖房ダクト配置などで各条件により多少異なるので、設置の試行錯誤が必要である。環境測定の項目で記した放射温度計や、線香の煙を使って、温度と風向き・風速を確認してみるとよい。

▼稼働させたほうがよいとき、止めたほうがよいとき

循環扇は二四時間終日稼働させてもよいのであるが、風を起こす目的をよく考え、環境条件を考慮して循環扇の使用方法を以下のように変えると、節電や保温性向上にもつなげられる（図4―6）。

早朝～午前中の時間帯は、葉を早く温めて光合成を促進させたい。また果実と気温の差をなくして果実結露を防止したい。そのため循環扇は最大限に稼働させる。日中は、葉面境界層を破壊して光合成を促進するため、循環扇は強運転させる。

夕方、果実の温度が温かい時間帯は、果実肥大のために重要である。少しでも果実が温かい時間を長くするため、十六～二十時頃は、循環扇は止めたほうがよい。

夜間に循環扇を稼働させ続けること

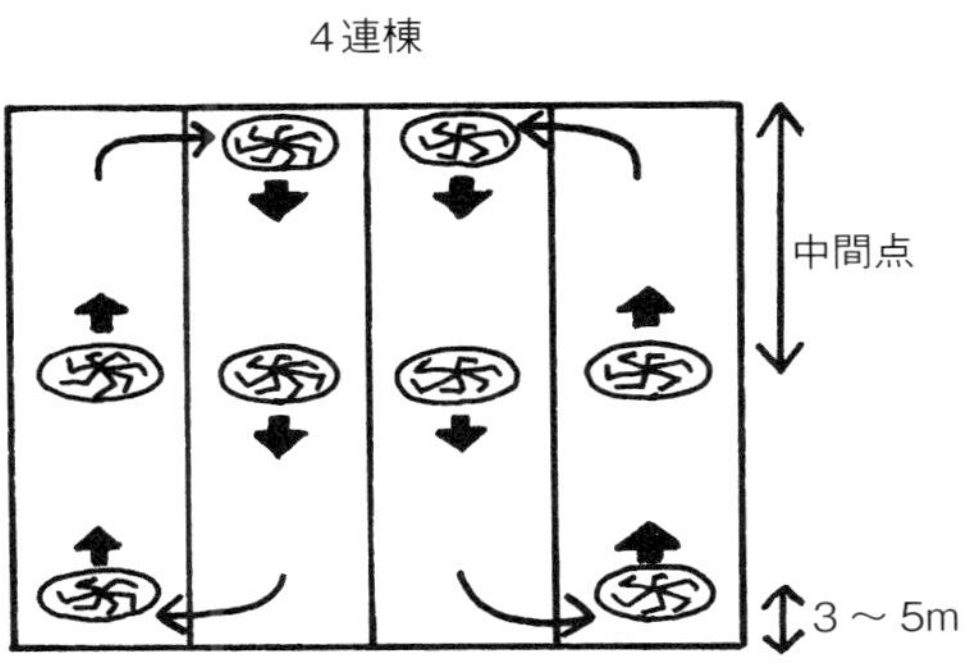

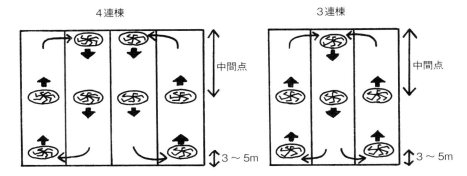

図4―5　循環扇設置と風向きの基本

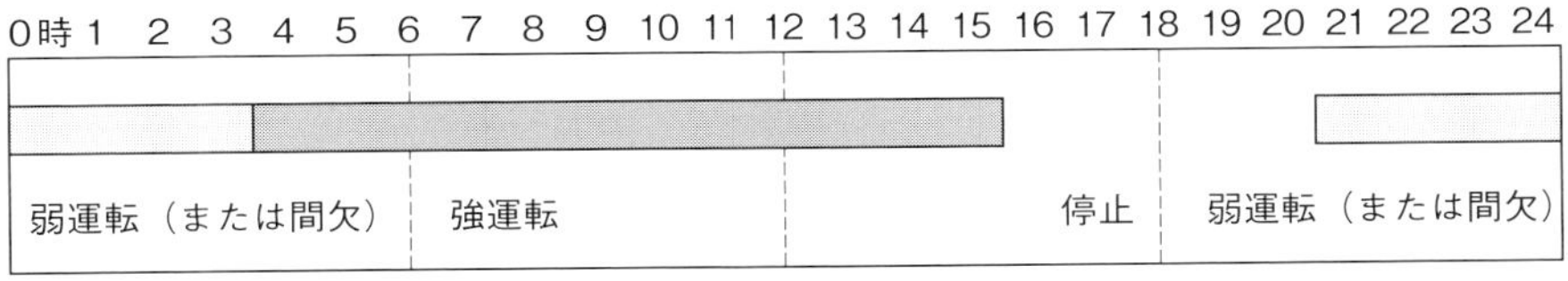

図4―6　冬期の循環扇の稼働時間帯モデル

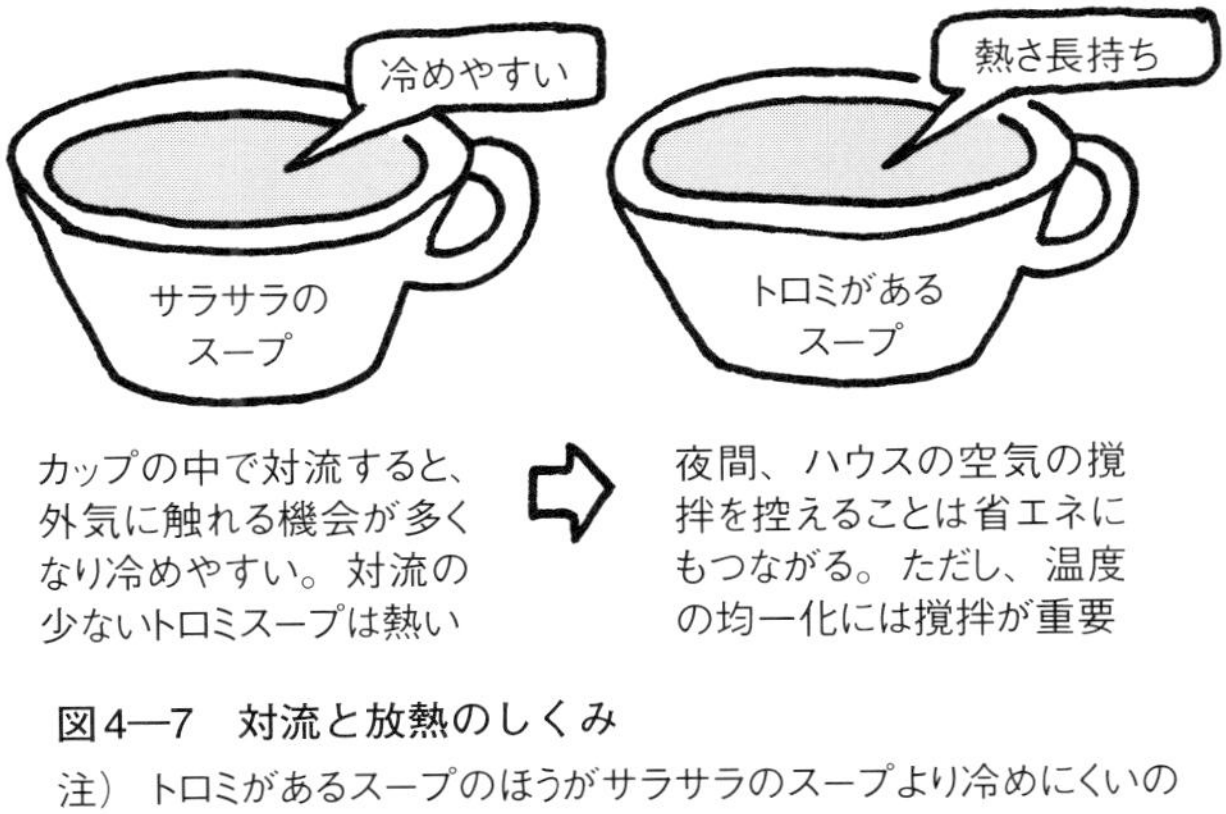

図4―7　対流と放熱のしくみ

注）トロミがあるスープのほうがサラサラのスープより冷めにくいのと同じ

は、ハウス周囲の冷たい被覆面に空気が触れる機会を増やすため、空気を冷えやすくする。夜間の循環扇の強風稼働は省エネには逆効果である（図4―7）。夜間～早朝（二十時～翌日四時頃）は、循環扇を弱運転（または間欠運転）にしたほうが暖房機の燃料消費は少なくなり省エネとなる。しかし、ハウス内に温度ムラが大きい場合や、灰色かび病など多湿環境で発生する病害がある場合には循環扇を終日稼働する。

ヒートポンプ

▼燃料費削減のほか、除湿や冷房にも

トマト栽培において、暖房用の燃料費の高騰は経営を圧迫する。そこで、二〇〇八年以降、電気を使うヒートポンプの導入事例が増えており、燃料価格の高騰に左右されにくい経営努力が進んできた。

ヒートポンプの導入は重油燃料コストの削減に役立つほか、温室効果ガス（CO_2）の排出抑制に貢献でき、環境への負荷軽減にも有効である。また、機種によっては除湿機能、冷房機能を持ち、病害予防や品質向上の効果も期待できる。

ヒートポンプの能力は、成績係数（COP《シーオーピー》：消費電力一kW当たりの冷却・加熱能力）で表わす。数年前の園芸用のヒートポンプ機種は、COP三～四のものが一般的であったが、最新のものでは五・五以上の機種まで登場し、年々高能率化が進んでいる。

たとえば、「アグリmoぐっぴー」はCOPも高く高能率であり、冷房、除湿機能など多機能機種である（写真4—14左）。「誰でもヒーポン」は暖房専用の機種で、暖房機の吸気口の上部に直接取り付けられ、省スペースが売りとなっている（写真4—14右）。

栃木県のトマト長期多段どり

写真4—14　ヒートポンプ

左：普及台数が多い機種：アグリmoぐっぴー（イーズ製）、右：コンパクト設計の「誰でもヒーポン」（ネポン製）

栽培を行なう農家での導入事例では、ヒートポンプを導入すると、A重油の消費量は二〜四割を削減できている。しかし、近年、電気料金は上昇傾向にあり、重油価格は乱高下しているため、ヒートポンプ導入の経営的評価が難しくなってきている。

▼徒長させず光合成を高める使い方

現場では、ヒートポンプを初めて導入すると、トマトの樹姿が今まで経験的につくり上げてきたものと一気に変わることがある。今までしめづくりが特徴であった生産者が、ヒートポンプを導入したことで、節間が伸びた徒長傾向となり、茎葉が繁茂し、栄養生長過多になるなどである。

その原因は、ヒートポンプを優先的に稼働しようとするあまり、ヒートポンプの温度設定を重油暖房機の設定より二℃程度高めてしまうことが多く、前夜半温が従来より高く推移していることにある。さらに、冬期は日没前にヒートポンプが早めに稼働し始めることが多いため、夕方の換気、除湿が不十分のまま、換気窓とカーテンを閉めてしまい、徒長傾向と栄養生長傾向を助長させてしまう。

これを防ぐには、暖房機とヒートポンプの温度センサーの位置を同じにし、センサーの通風化をして、両者の設定温度の差をできるだけ少なく（一℃以下に）する。また、秋期、外気の冷え込みが少ない十一月頃までは、ヒートポンプと重油暖房機の温度設定を両方とも低めに（両方を一〇℃程度に）設定しておく。茎葉がコンパクトな充実した草姿となり、安定した栽培ができる。

筆者が感じるヒートポンプ稼働の絶好のタイミングは、冬期の昼間である。特に曇雨天日はハウス内温度が上昇しにくく、このときにヒートポンプを使用し、十一〜十六時（日没直前）までを一八〜二〇℃程度に加温すると、トマト植物体の代謝を促進させ、果実肥大促進・生理障害の回避に有効である。

また夕方、日の入りギリギリまでヒートポンプで加温すれば、光合成も促進され、その後換気を実施してから夜間を迎えることで、光合成の最大化と灰色かび病をはじめとする病害の防除に絶大な効果を発揮すると考える。ぜひ実行してほしい。

外張り資材

▼光が増えた分だけ収量が増える

オランダのトマト栽培では、光量と収量の関係に、「一%ルール」という定説がある。これは日射量（光量）が一%増加すれば、トマト収量も一%増加するというもので、光条件が増収の最も大きな決定因子の一つとされている。栃木県において、冬期の全天日射量（MJ／m²）と、地域内生産者の反収との関係を分析したところ、光が増えた分だけ収量が増加する傾向が確認された。関東地域の促成作型でも、「一％ルール」がおおむね当てはまる状況にある。

このことから、少しでも光透過性のよい陰の少ないハウス、光透過性の高い被覆資材の導入が望まれる。

近年の被覆資材メーカーでは、一〇年展張のPOフィルムが開発され、普及が進んでいる。さらに、高い光透過性を長期間維持できるフッ素系硬質フィルムは、多収をねらううえでは有利な被覆資材といえる。

また近年は、わずかに梨地（ナシジ）した微散乱光型のフッ素系硬質フィルムが開発され、試験的に導入されるなど、そのさらなる多収効果が期待されている。

▼外張り資材の保温性の違い

ハウスの被覆資材の種類により、ハウスの省エネの程度は大きく異なる（表4―3）。

外張り資材の保温性の違いは、各材質の熱伝導率に加え、長波（赤外線＝熱線）放射特性に強く依存しており、長波の吸収率が高い（熱を逃しにくい）材質ほど保温性が高くなる。ガラスや農ビ（塩化ビニル）は、長波の吸収率が高いため保温性が高い。POやフッ素系硬質フィルムは、長波の吸収率が低いため保温性が低くなる。

野菜茶業研究所の高収益施設野菜研究チーム作成の「温室暖房燃料消費試算ツール」を用いて、栃木県宇都宮市のトマト栽培、二層ポリカーテン、夜間温度一〇℃設定で、外張り資材の違いによる一シーズン燃料消費量を試算し比較すると、ガラスでA重油一〇・九kℓ／一〇aが最も省エネとなり、次いで農ビの一二・〇kℓ（対ガラス比一一〇％）、PO系の一二・三kℓ（一一三％）、硬質フィルムの一三・〇kℓ（一一九％）と、省エネの程度に差が生じる。

しかし、トマトの外張り資材の選定で重要視すべきなのは保温性だけでなく、太陽光の透過性や耐久性、施工方

表4―3　被覆資材の保温性

	ランク	材質
外張り	A	ガラス、合成樹脂
	B	農ビ（塩化ビニル）
	C	PO
	D	硬質フィルム
内張り	A	アルミ蒸着カーテン
	B	不織布、プチプチシート
	C	農ポリ

注）保温性　A＞B＞C＞D　ランク
保温性の差異は各材質の長波（赤外線）放射吸収、遮断性が強く関係する

法の違いによる採光性、コストを総合的に判断することである。

　このことから現在の長期多段どり栽培を目指すハウスの外張り資材は、企業的な大規模ハウスではトータルバランスに優れたガラスが多く、個人経営の生産者ではPO系多年張り（一〇年、五年タイプ）か、高い光透過性を長期に持続するフッ素系の硬質フィルムが多く利用されている。

内張り資材

▼遮熱、散乱光化、保温もする

　内張り資材（カーテン）では、古くはポリ系の資材が主流であったが、近年は多様な素材が登場している。

　トマト栽培におけるカーテンの利用目的は、保温だけでなく、遮熱・遮光、散乱光化なども多様である。そのためカーテン資材の選定には、保温性、遮光性、透湿性などに加えて、長年使うと問題になる縮み性、収納した際の陰のできにくさも十分に考慮する。

　カーテン資材のなかでも、アルミ蒸着カーテンは、夏期の遮光利用だけでなく、夜間の保温性を高めるうえでも特に有効な資材である（表4―3）。

　前述した「温室暖房燃料消費試算ツール」で秋〜春期一シーズンの暖房用燃料使用量を試算すると、栽培条件でも多少異なるが、ポリ系のカーテン二層よりも、アルミ蒸着カーテン一層（透明テープなし）のほうが約一〇％も省エネとなる。アルミ蒸着資材の熱放射を遮断する保温効果が非常に高いことがわかる。

　これらのことを考慮し、現在、先進的なトマト栽培施設の多くが二層カーテンを採用し、上層にアルミ蒸着系カーテン（スベンソンのTempa5557D：旧XLS15系が主流：遮光・遮熱・保温）、下層にポリエステル系カーテン（スベンソンのLuxos1347FR：旧XLS10系が主流：保温・散乱光・保湿）を採用している。

散乱光資材

▼株全体に均一に光が当たる

　梨地（ナシジ）加工した微散乱光型のフッ素系硬質フィルムは、非常に期待の高い外張り資材である。今後、現地で収量性などの評価が進み、普及していくものと思う。

　梨地資材はフィルムの表面にスリガラスのような処理がされており、被覆資材を透過した光の進行方向がさまざまな方向に向かう。このため晴天日にはハウス内への光透過率はほとんど落ちずに、トマトの下葉まで効率的に光が供給され、さらに過度な強日射による生長点への悪影響も軽減できる。

いっぽう、曇雨天の場合、梨地資材の光透過率は、透明資材に比べると劣る傾向が強い。冬期に曇天日の多い地域では、梨地外張り資材の導入はあまり適さないとも考えられるので、気象環境もよく考慮して判断する。

近年の内張り資材、透明カーテンは光透過率が極めて高い八五％以上を保ちながら散乱光化することができる資材もある（スベンソンLuxos1243Dなど）。内張りカーテンなら、日射の強いときのみ散乱光化できるため理想的である。三月以降の強日射の日には、昼前後の時間帯に、カーテンで散乱光化することが非常に有効である。

遮光カーテンでは、アルミ蒸着タイプが、遮光と遮熱に非常に安定した効果を発揮している。

さらに、新しい遮光カーテン素材として、アルミ蒸着でなく、乳白色のポリオレフィン資材使用のものが登場している。このタイプでは強日射をカットしながら散乱光化でき、下位葉までソフトな光を供給できるため、株全体の光合成能力の維持が期待できる。

遮光用ペンキ資材

▼長期どりでは二度塗りがよい

白色の遮光被膜をつくるペンキ資材（商品名：レディソルなど）は、希釈液を動力噴霧器でハウス外側に吹き付けることで、簡易に遮光、遮熱効果が得られる（写真4―15）。

表4―4は梅雨明け直後の強日射の日に、遮光ペンキ資材の塗布の有無による果実表面温度の差を調査した結果である。遮光ペンキを噴霧することで果実表面温度が六℃以上下げられたことがわかる（写真4―16）。

夏期の果実の高温は、着色不良果や日焼け果の発生など、果実品質を大きく低下させる。遮光カーテンがない簡易なパイプハウスでは遮光ペンキ資材の利用は特に効果的である。

ただし、遮光ペンキ資材は一度塗布すると約二カ月間は高い遮光効果を発揮するため、日照不足となった場合は、花質が低下し、葉が大きく栄養生長過多となることが懸念される。

実際、梅雨入り前の五月下旬～六月は、強日射による果実の着色不良や尻腐れ果の発生などの悪影響が大きい。しかし梅雨入り後は、一転して日照不足となり、花質の低下・落果が懸念される。このため、五月下旬頃にペンキを塗布する場合は、薄めに塗布して軽い遮光とし、梅雨明け後、さらに長期に出荷する作型では七月下旬に再度塗布する二度塗りがよい。

摘芯処理済みのトマトは、少々日照不足となっても栄養生長過多の心配は少ないため、遮光ペンキ資材をタイミングよく利用して、果実品質の向上を図るとよい。

白色マルチ

▼下位葉は弱光だと怠ける

光の効率的な活用法として、地面を覆う白色（白黒ダブル）マルチ資材の利用が効果的である。

筆者は、垂直に誘引したトマトで葉位別に光強度と光合成速度の関係を測定した。上位葉（若い葉）は光が強まるほど光合成速度が高くなるが、下位葉（古い葉）はすぐに光飽和に達してしまい光合成速度が劣ることがわかった（図4―8）。

いっぽう、この結果からすると、トマトの下位葉は、葉が老化して光合成能力が低下すると考えがちである。しかし、オランダワーゲニンゲン大学のツルーバーストらが行なった実験では、トマトの樹を横に寝かせて誘引し、日射が株の新旧の葉に均一に当たるように栽培して、葉齢と光合成との関係を調査した結果から、トマトの葉は約七〇日は光合成能力を維持するこ

写真4―15　遮光用ペンキ資材「レディソル」の塗布事例

6月下旬にやや薄めの塗布

表4―4　遮光ペンキの昇温抑制効果

（単位：℃）

	遮光ペンキ資材	無処理
ハウス気温	31.5	33.2
果実表面温度	39.6±4.2	46.1±4.5

注）測定は2015年7月22日12時30分（晴天）
地点：栃木県小山市（気象台温度33.7℃）

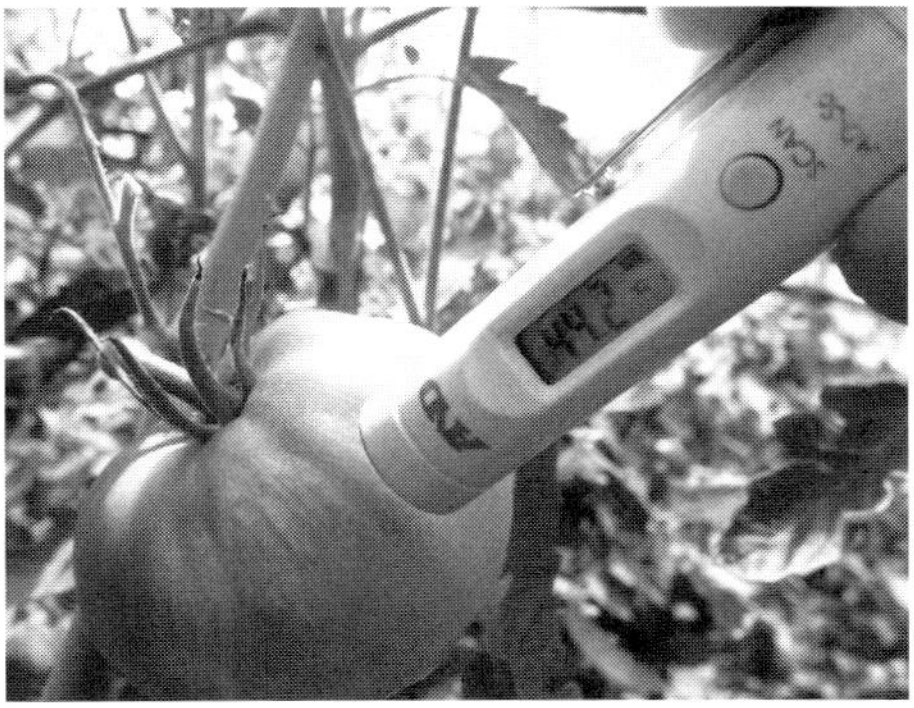

写真4―16　日焼け果と果実の表面温度

とがわかっている。
また、高山ら（二〇一〇）によると、ハイワイヤー誘引で栽培されたトマトにおいて、光条件によりクロロフィルaとクロロフィルbの比率が異なってくると報告している。クロロフィルaは光合成反応の中心に多く含まれ、クロロフィルbは集光複合体に多く含まれるものである。上位葉ではクロロフィルa／b比が高く、強い光で高い光合成能力を発揮するが、下位葉や日陰になる内側の葉はクロロフィルa／b比が低く、光合成能力が低下している。トマトの葉は弱光条件で生育すると、クロロフィルの性質も変化してしまうようである。
これらのことから、トマトの下位葉の光合成低下の原因は、下位葉に供給される日射量が少ないことによる弱光順化であると推察される。下位葉の弱光順化を防ぎ、株全体の光合成能力を

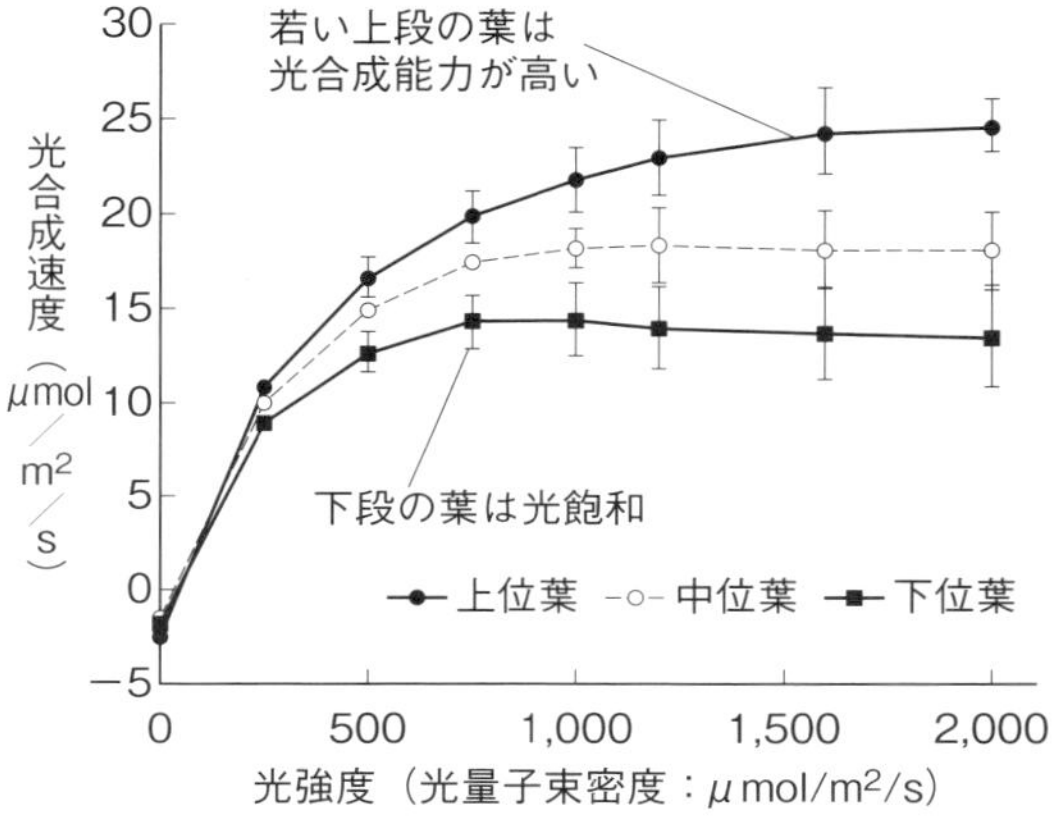

図4—8　トマトの葉位と光合成の関係
（吉田・松本ら、2010）

品種：麗容、調査日：2009年5月6日、供試株は第14花房開花中
測定は上位葉：第14花房下葉、中位葉：第12花房下葉、下位葉：第9花房下葉で実施
図中の縦線は標準偏差（n＝5）

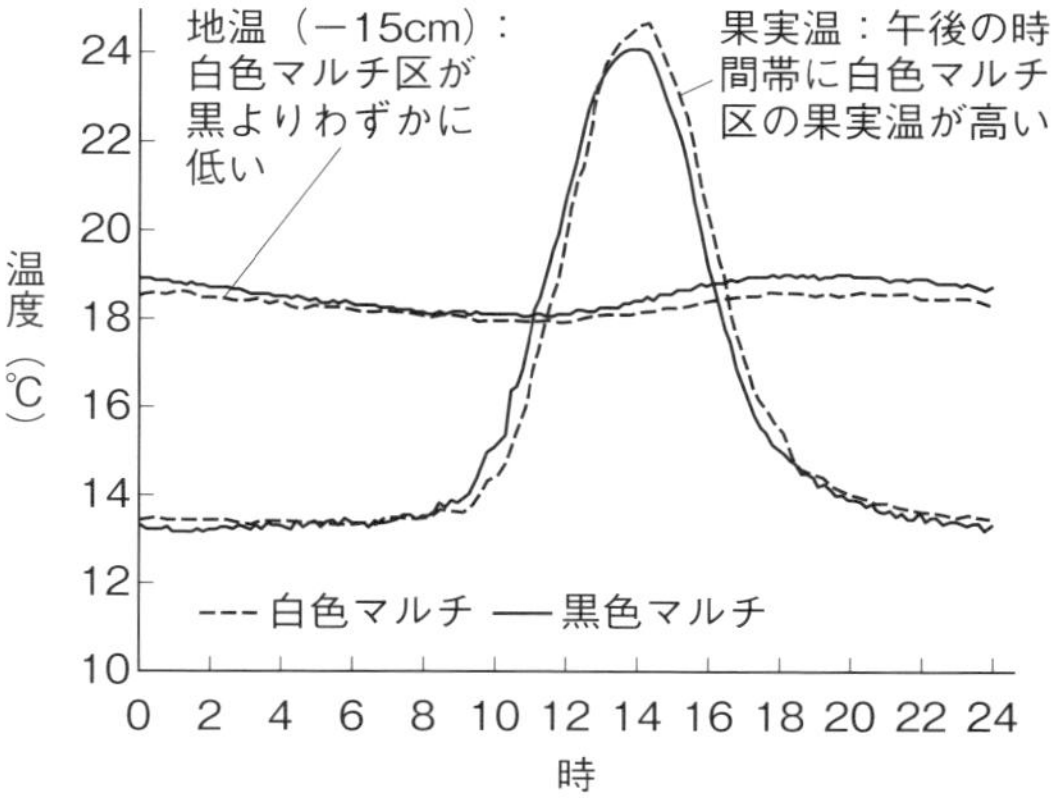

図4—9　白色マルチ敷設の果実温、地温への影響
（吉田、2014）

品種：麗容、調査日：2013年1月12日、供試株は第9花房開花、第3花房収穫中

高く維持するため有効となるのが、反射マルチ（白色マルチ）の利用である。

▼白マルチで株全体の光合成が高まる

図4—9は、栃木県小山市の促成作型のトマト圃場に白色マルチと従来の黒色マルチを敷いた比較展示圃場を設け調査を行なった結果である。

当初心配された地温低下の問題は、白色マルチは黒色マルチに比べ○・五℃低くなる程度であり、暖房機の設定を高くするなどハウス内の積算温度を確保することで対応可能である。

いっぽうで、果実の温度は、午後の時間帯に白色マルチのほうが黒色マルチよりも高く維持することができた。この午後の時間帯に果実の温度を高く維持できたことで、果実の肥大促進（果実への転流割合の向上）を図ることができる。さらに下位葉の葉色調査（SPAD値）では、白色マルチのほうが葉色は濃く健全な葉色を維持できた。

また、果実位置の照度は明らかに上昇し、果実の着色程度の判別が容易になり、収穫作業速度が向上するとの声もある（写真4—17）。白色マルチの利用は、促成作型のトマトの収量性の向上および草勢の維持、作業性の向上に有効な技術といえる。

写真4—17　白色マルチ敷設区と黒色マルチ敷設区の床面反射照度の違い

上：白色マルチ。明るく、果実着色が見やすい。床面からの反射照度は2,100ルクス
下：黒色マルチ。暗く、果実着色が見にくい。床面からの反射照度は300ルクス

暖房方式

▼温風暖房と温湯暖房

日本における暖房の方式は、A重油を燃料とした温風暖房方式が大半を占める。いっぽう、オランダでは、天然ガスを燃料とした発電機（CHP：Combined Heat and Power）から排

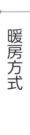

写真4—18　オランダの暖房方式

出される熱水を利用している。この温湯暖房方式にオランダの超多収栽培のポイントとなる技術が含まれるため、少々解説する。

オランダのトマトハウスでは、高所作業車用のレールと兼用の鉄製の温湯管がトマトのウネ間の床に設置され、ここに四〇～八〇℃の湯を流すことで温度をコントロールしている（73ページ写真参照）。パイプに流すお湯の温度設定は、気象条件、ハウス内の温度、湿度、生育制御のバランスによって指標化されている。

▼温湯パイプで局所加温

従来オランダでは、床面の温湯管だけで暖房していたが、二〇〇〇年以降はグロウパイプ（Grow-Pipe）と呼ぶ、果実付近や生長点付近の高さに自在に調節して設置できる温湯パイプが設置されている。この局所加温パイプの導入によって、生育初期は生長点付近が、果実肥大期には果実周辺が加温されている。

日本での局所加温の取り組みの多くは省エネを目的とし、作物の障害がない程度に温度管理する技術であるが、オランダの局所加温の考え方は省エネよりも積極的な増収が目的となっている。

▼果実肥大が確実によくなる

日本の主要な暖房方法は、温風暖房機でまずハウス内の空気を温め、その後間接的にトマト植物体を温めている。トマトの果実は比熱が大きく温まりにくいため、気温に比べて温度上昇が遅れやすい。このことで空気温度と果実温度の差が生じて、果実表面に結露が発生し、灰色かび病の一番の原因となっている。

いっぽう、オランダの暖房方法は、温湯パイプに接している空気を温めるほかに、パイプから発せられる熱放射で植物体を直接温めることができる。空気を介さなくても果実を温められるため、日本の温風暖房機の利用に比べて果実が結露することが非常に少ない。さらに、果実を局所的に温めることができるため、温かい果実に光合成同化養分が集中して転流配分され、果実肥大が確実によくなる。

今のところ、日本で温湯管を利用する暖房方法は、大規模温室や温泉熱を利用するほんの一部に限られる。ロックウールの培地の加温（ベッドヒーター）に一部ある程度である。

今後は、温湯と温風のハイブリッド暖房もよいのではないかと考える。たとえば、ハウス全体の加温は従来の温風暖房で行ない、別に温湯ボイラーを設置して温湯管で根域加温と果実加温を行なう、日本型のハイブリッド暖房へのチャレンジもおもしろい。

3 品種選び

トマトの品種を選定する際には、果実の品質面（食味、形状、貯蔵性など）と、収量性（果実大きさ、揃い）、栽培しやすさ（草勢の安定、耐病性、耐寒・耐熱性など）から総合的に判断する必要がある。ここでは、品種を選定する際の要点について述べる。

青枯病抵抗性で草勢も強い台木はどれ？

近年、品種選定で重要視されているのが耐病性である。特にトマト黄化葉巻病や葉かび病の新レースなど、トマトでは新病害や新レースが次々に発生しているため、品種には常に新病害・新レース耐病性、より強い耐病性が求められ続けている。

台木品種に求められるのは、土壌病害の回避が最も優先されるであろう。病害では、トマトモザイクウイルス、青枯病、萎凋病、根腐萎凋病、褐色根腐病（コルキールート）、半身萎凋病が主な対象病害となる。

このうち、萎凋病、褐色根腐病などの糸状菌の土壌病害については、土壌消毒の徹底で比較的回避しやすい。

いっぽう、土壌消毒で回避困難なのが青枯病である。青枯病菌は、地中で場合によって一〇年以上も生存するとされる。地下四〇cm以下にも多く生息し、地下一mにも達して生息している事例もあり、一度発生すると非常に完全防除が困難な病気である。土壌消毒では完全に防ぐことができないため、耐病性品種に頼らざるを得ない。

表4―5　主要メーカーの台木品種特性

台木品種	TMV（トマトモザイクウイルス）抵抗性	青枯病	褐色根腐病	根腐萎凋病	半身萎凋病	半身萎凋病レース2	萎凋病レース1	萎凋病レース2	萎凋病レース3	ネコブセンチュウ
〈愛三種苗〉							弱　1⇔5　強		耐病性⇒○	
がんばる根3号	2a型	6	6	○	○		○	○		○
がんばる根11号	2a型	7	6	○	○		○	○		○
スパイク	2a型	5	9	○	○		○	○	○	○
スパイク23	2a型	6	9	○	○		○	○		○
〈サカタのタネ〉				弱　1⇔10　強			抵抗性⇒◎		耐病性⇒○	
ブロック	2a型	6	6	◎	◎		◎	◎	◎	6
マグネット	2a型	6	5	◎	◎		◎	◎		5
フレンドシップ	2a型	8	9	◎	◎		◎	◎		9
バックアタック	2a型	8	6	◎	◎	◎	◎	◎	◎	6
〈タキイ種苗〉							弱　1⇔10　強		耐病性⇒○	
Bバリア	2a型	9	1	○	○		○	○		○
グリーンガード	2a型	9	7	○	○		○	○	○	○
グリーンセーブ	2a型	9	7	○	○		○	○	○	○
グリーンフォース	2a型	8	7	○	○		○	○	○	○
ドクターK	2a型	1	8	○	○		○	○		○

注）トマト接ぎ木に使用される台木を各メーカーごとに一覧表にした。これらの情報は各メーカーが公開しているものをまとめたものなので、品種間の強弱を比較したものではない

現在、発売されている青枯病抵抗性台木の多くは根張りが弱く、生育後半の草勢が弱くなる傾向がある。そんななかでは、タキイ種苗の「グリーンセーブ」、「グリーンフォース」などは草勢が比較的強く維持され、耐病性も高いことから、青枯病の発病歴がある圃場で多く利用されている。

褐色根腐病（コルキールート）では、愛三種苗の「スパイク」が高い評価を得ている。

表4―5には、主要メーカーの人気の台木品種の特性を示した。メーカーから公表されている耐病性評価を参考に作成している。その他にも、台木品種が多種あるため、各メーカーホームページなどで確認願いたい。

▼黄化葉巻病耐病性で おいしい品種はどれ？

近年、最も要望が大きいのが、黄化葉巻病耐病性品種の開発であろう。各

メーカーともこぞって黄化葉巻病耐病性の新品種を開発・発売している。開発当初は、既存品種と比べるとやや食味が劣り、形状に問題のあるものも多かったが、ここにきて実用的な期待の品種が多く発売されている。特に、サカタのタネの「麗旬」、みかど協和の「TYみそら86」などは、食味、収量、品質ともに既存の主力品種と遜色がなく、今後の普及拡大が期待できる。

　葉かび病については、抵抗性を有する品種でも発病事例が多く報告され、新レース発現と耐病性の強化とのいたちごっこ状態となりつつある。葉かび病は一度発生すると薬剤抵抗性が付きやすく、難防除の病害の一つである。今後も各メーカーの葉かび病耐病性品種の開発努力に期待する。

　また、近年被害が多く難防除であるのが、かいよう病である。かいよう病は発見が遅れ、対応を誤ればハウス全体が全滅するほどの恐ろしい病害である。発病の多少には品種較差があるように感じる。かいよう病の被害を少なくするためにも、かいよう病に耐病性を持つ穂木品種の開発を望む。

吸肥力強めの台木品種を

　台木の利用（接ぎ木）は、耐病性が主たる目的だと思うが、その他、重要なのが吸肥力・草勢の維持である。

　筆者がこれまで台木品種の比較試験を行なってきた経験から、台木品種による草勢差は、定植から第四花房の開花期までは明瞭に現われる。トマトは初期に草勢が強すぎると樹ボケになりやすいため、強草勢台木を使う場合は注意が必要となる。特に短期の作型では、初期の草勢過多が収量・品質に悪影響を及ぼしやすいため、やや弱めの台木品種を選定することが基本となる。いっぽう、長期多段どり栽培では、後半まで草勢を維持するためやや強めの草勢を保つことが必要になる。

　オランダのトマト栽培では、日本のどの台木品種よりも強い草勢の台木品種を使用している。二〇一二年頃のオランダで最も人気のあった「マキシフォート」という超強草勢の台木品種では、オランダの穂木品種の特性（樹ボケの心配がない、果実の高いシンク能）と相まって高収量が得られていたようである。

　日本においても、多収をねらう栽培であれば、吸肥力の強めな台木品種を選定するとよい。「グリーンセーブ」「グリーンフォース」（タキイ種苗）や「ブロック」「バックアタック」（サカタのタネ）、「スパイク23」（愛三種苗）などがある。

　ただし、土壌病害に強い台木であることが大前提となる。

晩生で花質が安定する品種を

野菜茶業研究所の東出氏の研究によれば、オランダの多収化の要因として、トマト品種が光合成や光利用効率のよいものに改良されてきたことが大きいとしている。

筆者は、欧州並みの多収性の品種選定を行なううえで最も重要なのは、晩生の品種を選ぶことだと考える。

オランダの多収性品種の特徴をみると、日本品種に比べ、開花から収穫に至る成熟日数は一〇日以上長く（成熟が遅い）、生長点の展開は日本品種よりもわずかに早い。着生している果実花房数の差では、日本品種ではおおむね六段が着果しているのに対し、オランダ品種では二段多い約八段が着果している状態を保っている。

筆者らが、オランダ品種と日本品種の着生果実体積の差を調べたところ、オランダ品種の着生果実体積（着果負担）が日本品種よりはるかに大きいことがわかった。この着果負担は光合成産物の送り先（シンク能）として重要である。オランダ品種はこの着果負担があるからこそ、草勢にブレーキをかけることなく、常に「強い草勢」を維持する栽培管理をしながらも、多くの果実を肥大させる「生殖生長」を両立させることができると筆者は考える。

いっぽう、これまで日本種苗メーカーや生産現場は、早生品種を優先に選抜、採用してきた傾向がある。短期間で換金したいとなれば早生品種が好まれるのも理解できる。しかし長期多段どり栽培では、常に多くの着果負担を維持しながら、草勢を強めに維持する考え方が必要である。日本の種苗メーカーにも、晩生であることも意識して、多収性品種を育成してもらいたい。

さらに、オランダと日本とで品種間差を大きく感じる点は、環境条件に恵まれない場合（日照不足で光合成量不足、着果負担の増大、高夜温で呼吸消耗増大）の花質への影響である。現状の日本品種の多くは悪条件では花質低下が非常に目立つが、オランダ品種は悪条件でも果実の肥大不足はあるが、花質の低下が少ないように感じられる。どんな条件でもよい花質を維持しやすい品種が長期多段どり栽培に適する品種である。

理想の長期多段どり栽培の品種条件は、晩生品種で、花質が常に安定することである。併せて、さらなる多収化を図るため、葉の形状がコンパクトで密植が可能な品種。節間長はやや長くても、茎が常に垂直方向に伸びる、ハイワイヤー誘引に向く品種の登場にも期待したい。

日本のハウストマトは生食用にこだわれ

果実の品質に何を優先して求めるかは、販売の手段・買い手の要望によって異なる。抜群の食味や高糖度を求められることもあれば、食味は気にせず、形状や着色の揃いが優先される場合もあろう。

近年の傾向として、大手の量販店では、赤色が濃く鮮やかで、果実が硬いトマトを求める傾向を強く感じる。やはり消費者の手が伸びるのは、見た目がよいことが最優先であろうし、量販店側からすれば商品のロスを減らすためやや硬いトマトを望むのは必然なのかもしれない。

ただし、この傾向も過剰にならないようにしなければならない。ブルームレスキュウリがそうであったように、見た目の美しさに過剰にこだわって食味をおろそかにしてしまうと、ゆくゆくは消費量に影響することが懸念されるからである。

日本人のトマトの食べ方は、加熱せず、生で食べることに特徴がある。欧米ではトマトを加熱調理することが多く、生で食べることはあまりない。生食があったとしても他の食材と一緒にして強い味付けをした食べ方であろう。

トマトの消費量を増やすには、日本人も加熱調理にトマトを多く使うようにならなければならないという話をよく聞く。もちろん加熱調理に使うのはよいことであるが、いっぽうで、トマトを生で食べる食文化は大切にしなければならない。なぜなら、トマトの利用法が主に加熱調理に使う食材に位置付けられるなら、より安価で保存性にも優れる輸入物で十分だからである。トマトの輸入量が増える隙をつくってしまうことにつながる。

加熱調理用のトマトであれば露地栽培でも栽培が可能である。日本のハウス栽培のトマトでは、生食用にこだわっておいしいトマトをつくりたい。

極端にいえば、日本のトマトは、これからも傷みやすい食材であってよい。鮮度を求められる食材でなければいけないと考える。

多段どり栽培の失敗事例集

9月

栄養生長過剰、花芽不良

[症状と要因] 花が小さく花色が極端に淡い／ほとんどが着果せずに落花する／茎が細く草勢も弱いため収量も極端に劣る／主要因は低日照による光合成同化養分の不足

[対策例] 保温カーテンや換気窓をあけて夜温を下げ、草勢回復と花の充実を促す／ CO_2、追肥を積極的に施用する／摘果（花）をする

10月

栄養生長過剰

[症状と要因] 花梗が極端に伸びている／果実は肥大不足となることが多い／よくある要因は高夜温、低日照

[対策例] 夜温を下げる。草勢が弱くなければ（茎が細くなければ）昼温を上げる／中段の葉を中心に摘葉し生殖生長を促す／ CO_2、追肥の積極的に施用する／花梗折れ防止の支持具を必ず装着する／曇天日は昼間暖房を実施する

栄養生長過剰、異常主茎の予兆

[症状と要因] 茎径が異常に太い／葉が繁茂し、葉がよじれる／主要因は養水分過多、光合成同化養分の過剰蓄積

[対策例] まず換気を控えて昼温を上げる／場合により保温をして夜温も上げ、生長点からの養分転流を促進し、呼吸消耗を増やす／腋芽を意識的に伸ばしてから摘芽する／中段の葉を中心に強めに摘葉（半分摘葉を３～５枚）／水分、施肥量を控える

11月

生殖生長不足、花芽不良

[症状と要因] 花房が退化している／開花まで至らず、落花する／主要因は、光合成不足と呼吸消耗過剰

[対策例] 摘果（花）、摘房を積極的に実施する／まず夜温を下げる／茎径が細い場合は昼温も下げる（茎径が太い場合は昼温度を上げる）／ CO_2 を積極的に施用する

付・時期ごとに見た長期

11月

栄養生長過剰、草勢過剰

[症状と要因] 葉柄や花梗から腋芽が発生する／主要因は光合成同化養分と養水分の過剰
[対策例] 昼温を上げる／場合により夜温も上げて、転流促進、呼吸消耗を増やす／中段の葉を中心に強めに摘葉する／水分、施肥量を控える／着果量を増やす

12月

栄養生長過剰

[症状と要因] 小葉が大きく、薄い／葉がよじれている／主要因は低日照、過剰な密植
[対策例] 中段の葉を中心に強めに摘葉する／昼の温度を上げて温度の日較差を広げる／時期により暖房設定温度を下げて夜温を低くする／かん水量を控える／チッソ入り肥料の葉面散布を実施する

2月

生殖生長過剰、草勢低下、葉の展開不良

[症状と要因] 葉の展開不良（船底型の葉）／要因は湿度不足やかん水量の不足、過剰な日射
[対策例] 湿度を上昇させる（ミスト噴霧、通路散水）／かん水量を増やす／必要により遮光する／増枝などでLAIを増加させる／場合により腋芽の葉を残して葉面積確保する

3月

生殖生長過剰、着果負担過剰

[症状と要因] 着果量が多く、葉面積が不足／生育は弱まり、いずれ収穫量が低下する／主要因は強日射やかん水不足
[対策例] 摘果を積極的に実施する／昼温を下げる／かん水量を増加させる／ミスト噴霧、通路散水する／しおれる場合は遮光を行なう

著 者 略 歴

吉田　剛（よしだ　つよし）

1966年（昭和41年）、10月9日生まれ。

栃木県農業試験場で、これまでトマトの光合成促進法、長期栽培の誘引方法などを研究。普及指導員として、農家と試行錯誤しながら現地の多収技術を積み上げてきた。

現在、栃木県農政部経営技術課、農業革新支援専門員

トマトの長期多段どり栽培
生育診断と温度・環境制御

2016年11月20日　第1刷発行
2022年10月15日　第5刷発行

著 者　吉田　剛

発行所　一般社団法人　農 山 漁 村 文 化 協 会
〒107-8668　東京都港区赤坂7丁目6－1
電話　03(3585)1142（代表）　03(3585)1147（編集）
FAX　03(3585)3668　　振替　00120-3-144478
URL　https://www.ruralnet.or.jp/

ISBN978-4-540-16131-5　DTP製作／㈱農文協プロダクション
〈検印廃止〉　印刷・製本／凸版印刷㈱

農文協の図書案内

トマトの作業便利帳
失敗しない作業の段取りと手順
白木己歳 著
二〇〇〇円＋税

安定多収のポイントは定植から第一果の径が三cmになるまでの草勢管理。これを軸に、栽培計画、土壌消毒、ホルモン処理、施肥、誘引、摘心、摘葉、病害虫防除、苗つくりなど、作業のコツのコツをきめ細かく解説。

新版 夏秋トマト栽培マニュアル
だれでもできる生育の見方・つくり方
後藤敏美 著
二八〇〇円＋税

葉色、草姿、芯の動静、果実形状、障害など、トマトのいま・このときの生育を読み解く診断ポイントを豊富な写真とイラストで解説。むずかしい追肥、かん水管理、ホルモン処理などを的確に導く。好評だった既刊を全面改訂。

農家が教える トマトつくり
農文協 編
一五〇〇円＋税

一生をトマトつくりにかけるプロ農家のトマト観と、その性質をいかした技を丸ごと一冊に凝縮。新しいトマトの世界を広げる新品種や、トマトに関する膨大な研究成果も。

農家が教える ハウス・温室 無敵のメンテ術
簡単補強、省エネ・経費減らし
農文協 編
一五〇〇円＋税

別冊『農家が教える 無敵のマイハウス』を単行本化。近年、異常気象による暴風・大雪でハウスが潰れる被害が頻発している。本書は、だれでもかんたんにできるハウスの補強や補修、省エネ術や経費減らしの工夫を収録。

基礎からわかる！ 野菜の作型と品種生態
山川邦夫 著
二二〇〇円＋税

その作物・品種の生態を知り、地域の気候条件と会話をすれば無理せずつくることができ、また作期を伸ばしたり、早めたり、自分なりの作型デザインも始められる！ 作物栽培の可能性を広げ、実践していくための作型利用ガイド。

（価格は改定になることがあります）

農文協の図書案内

施設園芸・植物工場ハンドブック
日本施設園芸協会 企画・編集
六八〇〇円＋税

施設園芸の資材から栽培技術、流通販売までの要点を網羅した最新資料集。高度な環境制御技術などによってほぼ周年で収穫する植物工場の栽培技術・経営のノウハウも充実。

アザミウマ防除ハンドブック
診断フローチャート付
柴尾 学 著
二二〇〇円＋税

アザミウマは多くの農作物を吸汁・加害し、ウイルスも媒介する難防除害虫。本書は栽培品目ごとに加害種の簡易診断法を示し、薬剤の系統分類、色や光を利用した防除法、生物農薬、土着天敵利用など最新防除法を収録。

天敵利用の基礎と実際
減農薬のための上手な使い方
根本 久／和田哲夫 編著
二八〇〇円＋税

施設の天敵「製剤」と露地の土着天敵。アプローチが異なるそれぞれの天敵利用の実際を再整理し、間違いのない活用法、減農薬につながる具体的技術を示す。躍進著しいスペイン、そして国内の先進事例を多数収録。

原色 野菜の病害虫診断事典
農文協 編
一六〇〇〇円＋税

旧版になかった作目や、近年話題の病害虫を新たに収録するほか、診断写真も充実。必要とする病気・害虫の情報に素早くたどりつける「絵目次」「索引」も設けて、より新たに・より引きやすくなった増補大改訂版。

新版 土壌肥料用語事典 第二版
土壌編、植物栄養編、土壌改良・施肥編、肥料・用土編、他
藤原俊六郎／安西徹郎／小川吉雄／加藤哲郎 編
二八〇〇円＋税

生産・研究現場の必須用語を網羅。土壌とその機能、植物栄養と品質、地力や肥料による作物生産、効率施肥、有機質活用、環境保全などの分野で新用語を充実。現場からの関心、角度で読みとれる関係者必携の一冊。

――――― 農文協の図書案内 ―――――

だれにもできる 土の物理性診断と改良
JA全農肥料農薬部 編／安西徹郎 著　二〇〇〇円＋税

収量アップは土の物理性改善が肝。スコップ二掘りで、だれでも土の状態を診断できる。診断結果のフローチャートで土層改良に必要な対策も早わかり。豊富な写真と実例で土の見方と改良法をやさしく解説した決定版。

だれにもできる 土壌診断の読み方と肥料計算
JA全農肥料農薬部 編　一八〇〇円＋税

診断数値の読み方と、肥料代を抑え収量・品質を高めるための肥料計算、家畜糞尿や堆肥に含まれる肥料成分を考慮して化学肥料を減らす計算方法など、イラスト入りでわかりやすく解説。低コスト施肥の実践テキスト。

よくわかる 土と肥料のハンドブック　肥料・施肥編
JA全農肥料農薬部 編　二七〇〇円＋税

さまざまな肥料（無機肥料、有機肥料）の特性と使い方、水稲、野菜、果樹など栽培品目ごとの省力かつ効率的な施肥法、作物の栄養診断の方法、各種の生理障害の原因と対策など、豊富な図版で平易かつ簡潔に解説。

よくわかる 土と肥料のハンドブック　土壌改良編
JA全農肥料農薬部 編　二八〇〇円＋税

排水不良、圧密層、連作障害、塩類集積などへの対応策、土壌診断と土壌改良の具体的な方法、さまざまな土壌改良資材（無機質資材、有機質資材）の特性と使い方など、豊富な図表とイラストで平易かつ簡潔に解説。

緑肥作物 とことん活用読本
橋爪健 著　二四〇〇円＋税

ヘアリーベッチやチャガラシ、緑肥ヘイオーツにセスバニア…、近年続々と登場の新顔、新機能のお勧め緑肥。それぞれの特徴から導入の実際までを一問一答式で解説。環境保全・循環的な「最新緑肥ワールド」をガイド。

（価格は改定になることがあります）